U0299164

信息科学技术学术著作丛书

面向隐蔽通信的音频信息隐藏技术

杨百龙　武朋辉　郭文普　时　磊　著

科学出版社

北　京

内 容 简 介

本书围绕隐蔽通信中的音频信息隐藏预处理技术、音频信息隐藏算法等问题,深入阐述面向语音类嵌入数据的基于离散余弦变换与压缩感知的低速率编码方法和基于双一维混沌互扰系统与 m 序列的加密方法等预处理技术、小波域音频信息隐藏算法、压缩域音频信息隐藏算法、倒谱域音频信息隐藏算法、基于经验模式分解的音频信息隐藏算法、基于能量比调整的自适应音频信息隐藏算法和面向移动载密通信的音频信息隐藏算法等涉及的理论和关键技术。

本书可供计算机科学与技术、信息与通信工程、信息安全等学科专业从事隐蔽通信、信息隐藏、音频处理等相关领域的教学、科研和工程技术人员参考,也可作为高校相关专业研究生及高年级本科生的教材。

图书在版编目(CIP)数据

面向隐蔽通信的音频信息隐藏技术/杨百龙等著. —北京:科学出版社,2018.9

(信息科学技术学术著作丛书)

ISBN 978-7-03-058885-2

Ⅰ.①面… Ⅱ.①杨… Ⅲ.①音频信号处理-研究 Ⅳ.①TN912.3

中国版本图书馆 CIP 数据核字(2018)第 216727 号

责任编辑:魏英杰 / 责任校对:郭瑞芝
责任印制:张 伟 / 封面设计:铭轩堂

科 学 出 版 社出版
北京东黄城根北街 16 号
邮政编码:100717
http://www.sciencep.com

北京凌奇印刷有限责任公司印刷
科学出版社发行 各地新华书店经销

*

2018 年 9 月第 一 版 开本:720×1000 B5
2018 年 9 月第一次印刷 印张:11
字数:218 000
POD定价: 90.00元
(如有印装质量问题,我社负责调换)

《信息科学技术学术著作丛书》序

21 世纪是信息科学技术发生深刻变革的时代，一场以网络科学、高性能计算和仿真、智能科学、计算思维为特征的信息科学革命正在兴起。信息科学技术正在逐步融入各个应用领域并与生物、纳米、认知等交织在一起，悄然改变着我们的生活方式。信息科学技术已经成为人类社会进步过程中发展最快、交叉渗透性最强、应用面最广的关键技术。

如何进一步推动我国信息科学技术的研究与发展；如何将信息技术发展的新理论、新方法与研究成果转化为社会发展的新动力；如何抓住信息技术深刻发展变革的机遇，提升我国自主创新和可持续发展的能力？这些问题的解答都离不开我国科技工作者和工程技术人员的求索和艰辛付出。为这些科技工作者和工程技术人员提供一个良好的出版环境和平台，将这些科技成就迅速转化为智力成果，将对我国信息科学技术的发展起到重要的推动作用。

《信息科学技术学术著作丛书》是科学出版社在广泛征求专家意见的基础上，经过长期考察、反复论证之后组织出版的。这套丛书旨在传播网络科学和未来网络技术，微电子、光电子和量子信息技术、超级计算机、软件和信息存储技术，数据知识化和基于知识处理的未来信息服务业，低成本信息化和用信息技术提升传统产业，智能与认知科学、生物信息学、社会信息学等前沿交叉科学，信息科学基础理论，信息安全等几个未来信息科学技术重点发展领域的优秀科研成果。丛书力争起点高、内容新、导向性强，具有一定的原创性；体现出科学出版社"高层次、高水平、高质量"的特色和"严肃、严密、严格"的优良作风。

希望这套丛书的出版，能为我国信息科学技术的发展、创新和突破带来一些启迪和帮助。同时，欢迎广大读者提出好的建议，以促进和完善丛书的出版工作。

中国工程院院士

原中国科学院计算技术研究所所长

前　言

　　基于信息隐藏的隐蔽通信技术是近年来通信安全技术中非常引人关注的研究领域。信息隐藏技术利用载体信息中具有随机特性的冗余部分,将秘密信息嵌入载体信息中,使其在通信传输过程中不被人发现,从而增强秘密信息传输安全性。如果在秘密数据嵌入之前对其进行加密预处理,则携密载体数据将具备伪装和加密的双重安全性。

　　信息隐藏技术的研究热点主要集中在载体信息冗余空间、秘密数据嵌入/提取方法和提高抵抗信号处理攻击能力等方面。本书在介绍国内外该方向研究进展的基础上,重点介绍作者在秘密数据预处理、音频载体中的秘密数据隐藏方法及抵抗同步攻击等方面的研究成果。

　　全书共8章。第1章绪论,着重介绍音频信息隐藏相关研究方向的发展历程和研究现状。第2章秘密数据预处理技术,针对音视频等数据量较大的秘密数据,提出一种基于余弦变换和压缩感知的低码率音频编解码算法,减小秘密数据嵌入量,增强载体音频的透明性,针对密级要求较高的秘密数据,提出一种基于双一维混沌互扰和m序列的加密算法,进一步增强秘密数据安全性。第3章小波域音频信息隐藏技术,通过设计一种大容量的小波域音频信息隐藏算法,对基于提升小波和DCT变换的音频信息隐藏算法进行研究。第4章压缩域音频信息隐藏技术,探讨以MP3文件为载体的两类音频信息隐藏算法。第5章基于经验模式分解的音频信息隐藏算法,利用现代信号处理中的经验模式分解方法,提出将秘密数据嵌入经验模式分解后的分量中,结合均匀调制技术和同步码嵌入技术,提高隐蔽通信系统的性能指标。第6章基于倒谱分析的音频信息隐藏算法,对基于倒谱分析的音频信息隐藏算法进行改进,提高算法透明性和鲁棒性。第 7 章基于能量比调整的自适应音频信息隐藏算法,提出一种适用于 GSM 移动通信网络的音频信息隐藏算法。第 8 章基于余弦信号替代的同步算法,提出一种显式同步和隐含同步相结合的同步方法——基于余弦信号替代的同步算法。

本书是作者科研团队近年来围绕音频信息隐藏技术研究成果的总结,感谢火箭军工程大学"2110"工程项目对本书出版的资助!

限于作者水平,难免存在不妥之处,恳请读者批评指正。

作　者

目　　录

第 1 章 绪 论

1.1 基于信息隐藏的隐蔽通信技术

保证通信数据安全是通信安全技术的永恒课题。传统的加密通信技术应用广泛,但存在致命弱点:一是随着计算机软硬件技术的发展,人类计算能力飞速提升,破解复杂加密技术的能力越来越强,尤其是基于网络实现的具有并行计算能力的破解技术日益成熟,加密算法的安全性受到严重挑战;二是加密后的数据通常以无规律的乱码形式存在,容易引起攻击者的注意和破坏欲望,即使攻击者不能破解,也可能进行拦截或予以破坏、摧毁,或以其他手段干扰通信过程的正常进行。因此,一种以隐藏秘密数据通信过程的通信安全技术——隐蔽通信技术得到高度重视和深入研究。

本书研究的隐蔽通信技术,也称隐密通信(steganographic communication)技术,是指将秘密数据隐藏在可公开的数据(包括文本、图像、音频、视频等)中以实现安全通信的技术。隐蔽通信不但可保护通信数据,而且隐蔽了秘密数据通信的存在,使非通信接收者觉察不到有秘密数据通信的发生,从而大大降低秘密数据被截取或通信过程被干扰的概率,提高秘密数据通信安全性。

隐蔽通信具有如下三个显著特点。

① 隐蔽性。隐蔽通信的最大特点是隐蔽性,将真实的秘密通信隐藏在公开数据之中,使攻击方不知道秘密通信的存在,即隐蔽秘密通信的存在性。

② 寄生性。从实现的技术手段来看,将秘密通信数据融合(或称寄生)在公开数据(载体数据)之中。

③ 欺骗性。从达到的通信目的来看,通过公开的载体数据携带秘密数据,即使通信数据被截取,与经过加密技术生成的乱码数据不同,携密载体数据具有正常的外在形式和清晰的表征意义,可极大地降低通信敏感性,尤其是在互联网等海量数据传输环境中或长期例行通信情况下,无疑具有更好的欺骗性。

隐蔽通信的关键技术是信息隐藏技术[1,2]。信息隐藏(information hiding 或 data hiding)是利用人类感觉器官的不敏感性,以及多媒体数字信号本身存在的冗余,将秘密信息隐藏于另一个称为载体(cover)的宿主信号中,得到隐蔽载体(stego cover),而不被人的感知系统察觉或注意,且不影响宿主信号的感知效果和使用价值。

信息隐藏技术可以从不同的角度进行分类[3]。

① 按保护对象分类,主要分为版权标记技术和隐匿技术。前者主要用于保护媒体载体本身的权属,后者主要用于保密通信,保护的是秘密数据内容。

② 按密码参与程度分类,主要分为无密隐藏和含密隐藏。无密隐藏又称为纯隐写术,将秘密数据嵌入隐秘媒体载体之前,对其不做加密预处理,而且秘密数据的嵌入过程也不受密码控制,因此难以保障秘密数据的安全性。含密隐藏在秘密数据嵌入前进行加密处理,实现了"隐蔽+加密"的双重安全机制,可以增强秘密数据的安全性。根据密码体制的不同,可对含密隐藏进行分类。如果在嵌入端和提取端对秘密数据的加密解密使用的是相同的密钥,则称其为对称密码隐藏,否则为非对称密码隐藏。如果在嵌入端和提取端对秘密数据的加密解密使用的是公钥体制,则称这种隐蔽方法为公钥信息隐藏。

③ 按载体类型分类,主要包括基于文本、图形/图像、音频、视频、数据库、网络协议等对象的信息隐藏技术。文本信息隐藏是指通过在格

式化文本文件中通过调整细小的版面特性来隐藏秘密数据,比较常见的方法有特征编码法和行/字移位编码法。图形/图像信息隐藏是指在数字格式的图形/图像中,选择人类视觉系统不敏感的成分嵌入秘密数据,常见的做法是对一部分图形/图像数据本身(空域)或图形/图像的特征参数(变换域)进行修改或替换。音频信息隐藏是将秘密数据嵌入数字化音频信号中人类听觉系统无法感知的成分,常见的做法是对选定的音频数据本身(空域)或描述音频信号特征的参数(变换域)进行替换或修改。视频信息隐藏是将秘密数据嵌入数字化视频信号中的过程,视频信号由连续的多帧图像信号和音频信号按一定编码方式组成,因此视频信息隐藏的原理类似于图形/图像信息隐藏或音频信息隐藏。数据库信息隐藏是利用数据库的结构来隐藏信息,通过在数据库中加入少量不需要的节点信息来隐藏数据。网络协议信息隐藏是利用网络层协议中某些未用到的格式字段或保留字段嵌入秘密数据。

④ 按嵌入域分类,主要分为时空域信息隐藏和变换域信息隐藏。时空域信息隐藏方法是直接用待隐藏的秘密数据替换载体数据中的冗余部分。最简单常用的时空域隐藏方法就是用秘密数据代替载体数据中的一些最不重要位(least significant bit, LSB)数据。常用的变换域信息隐藏方法主要包括离散傅里叶变换(discrete Fourier transform, DFT)域信息隐藏、离散余弦变换(discrete cosine transform, DCT)域信息隐藏和离散小波变换(discrete wavelet transform, DWT)域信息隐藏。

⑤ 按提取要求分类。如果在秘密数据的提取端,不需要利用原始载体数据提取秘密数据,则称这种方法为盲隐藏方法,否则称为非盲隐藏方法。非盲隐藏算法简单且提取成功率高,然而由于原始数据在某些应用环境中(如数据监控和跟踪)的获取难度较大,而且对于大容量原始载体数据(如视频数据),即使获得原始载体数据,但由于数据容量巨大,要使用原始载体数据也不太容易实现。因此,目前最常见的是盲隐藏技术。

信息隐藏技术在军事通信、情报传递、隐私保护及版权保护等领域均具有广阔的应用前景。

1.2　音频信息隐藏关键技术

以音频为信息隐藏载体的音频信息隐藏技术,具有以下独特潜力。

① 人类听觉系统虽然很灵敏,但还是存在时间和频率掩蔽效应,通过适当的嵌入方法,可以用来掩盖数据嵌入带来的失真。

② 音频的处理不需要大量的计算,适合实时处理,而且语音和音频的录制也比较方便。

③ 在使用有线电话或无线电通信时,少量的噪声不会引起注意和不适。

④ 在过去几年中,图像是信息隐藏偏爱的载体,然而自有报道称恐怖分子用其传递信息以后,人们对图像的信息隐藏便比较警觉。相对而言,音频还是比较安全的载体。

1.2.1　秘密数据隐藏技术

音频信息隐藏就是以音频数据为载体,且在不影响载体音频数据的听觉效果和实用价值的情况下实现各类信息隐藏。按照秘密数据嵌入域,可将音频信息隐藏技术分为时空域音频信息隐藏、变换域音频信息隐藏和压缩域音频信息隐藏。

时空域音频信息隐藏方法是直接用待隐藏的秘密数据替换载体音频数据中的冗余部分或不重要部分。最简单常用的时空域音频信息隐藏方法就是用秘密数据代替载体数据中的一些最不重要的位数据。

常用的变换域方法主要包括傅里叶变换(Fourier transform,FT)域、离散余弦变换域、离散小波变换域、奇异值分解(singular value decomposition,SVD)域和倒谱域隐藏方法。

与时空域音频信息隐藏方法相比,变换域音频信息隐藏方法的优点如下。

① 在变换域中,秘密数据嵌入引起的载体音频的能量变化,可以分布到时空域的所有载体音频采样点上。

② 在载体音频数据的变换域中,可以结合人类听觉感知系统的掩蔽特性和心理声学特征来隐藏秘密数据。

③ 变换域方法可以建立在载体数据的某些压缩过程中,因此变换域音频信息隐藏方法可以抵抗诸如压缩、剪切等常见的信号处理攻击。

压缩域音频信息隐藏方法,也称为编码域算法,是指在对音频进行编码前或编码后将秘密数据嵌入音频数据中的方法。

目前,将秘密数据隐藏到数字音频信息载体中的方法主要有 LSB 算法[4]、回声隐藏算法[5]、相位编码算法[6,7]、扩频算法[8,9]、Patchwork 算法[10,11]和量化算法[12-14]。下面简要分析这些算法的研究现状。

(1) LSB 算法

Bender[4]于 1996 年首次将 LSB 算法引入音频信息隐藏中。该算法将音频样本每个采样点的最后一位替换为秘密数据位的数据,对于 16kHz 的音频载体,秘密数据嵌入容量可达 16Kbit/s。

为了增加 LSB 算法的安全性,2002 年 Cvejic 等[15]提出基于最小误差替换的方法在每个音频载体的最后 4 个 LSB 中嵌入秘密数据,这样就可将误差引入音频载体样本的更深层次,算法安全性增加的同时,容量也得到提高,在 44.1kHz 的音频样本中,秘密数据嵌入容量可达到 176.3Kbit/s。Cvejic 等[16,17]对 LSB 算法又做了改进,在 16 位位深的音频载体采样样本中,选取第 6 个 LSB 进行秘密数据的嵌入,并对其他采样样本点进行倒置,算法的嵌入容量尽管有所降低,但嵌入误差得到了很好的控制,鲁棒性也有较大提高。

2010 年,Ahmed 等[18]提出将秘密数据嵌入第 8 位最不重要位的 LSB 算法,在嵌入数据前对音频载体进行分析,秘密数据不嵌入载体的近似静音段中,从而提高携密音频的透明度。

2011 年,Asad 等[19]提出利用 4 个最不重要位的方法在音频载体中嵌入秘密数据。2015 年,Bazyar 等[20]对 LSB 算法作出了更进一步的改进,在 16 位位深的音频载体信号中,利用前两位最重要位(most significant bit,MSB)来决定秘密数据更替 LSB 的位深,大大提高了秘密数据的嵌入容量。

2016 年,Shahadi 等[21]利用 Xinlix 公司的 FPGA 芯片实现了改进后的 LSB 算法,算法容量可达到音频载体容量的 25%,携密音频的信噪比可达到 48dB。

LSB 算法嵌入容量高,计算复杂度低,但该方法的鲁棒性较低,由于秘密数据直接加在音频载体信号上,常规的信号处理,如滤波、幅值调整或有损压缩都有可能破坏秘密数据。

(2)回声隐藏算法

1996 年,Gruhl 等[22]第一次提出回声隐藏的概念。回声隐藏算法是一种利用人类听觉系统的时域掩蔽特性,通过在时域中引入回声,将秘密数据嵌入载体信号中的算法。图 1.1 是人类听觉系统典型的时域掩蔽区域图,可以看出人耳对一个高能量信号前后短时间发生的少量畸变无法感知。对于人类听觉系统来说,原始音频载体信号就像是从耳机里听到的声音,没有回声,而经过回声隐藏算法处理后的携密数字音频则像是原始音频经多次反射产生的回声。

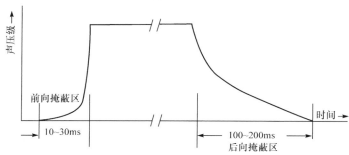

图 1.1　人耳时域掩蔽特性示意图

在回声信息隐藏算法中,秘密数据的嵌入过程可表示如下。

当秘密数据 $w=0$ 时,有

$$C_W[n]=C_O[n]+\alpha C[n-w_0] \tag{1.1}$$

当秘密数据 $w=1$ 时,有

$$C_W[n]=C_O[n]+\alpha C[n-w_1] \tag{1.2}$$

其中,$C_W[n]$ 表示携密音频信号;$C_O[n]$ 表示原始音频信号;α 表示嵌入强度;w_0 和 w_1 分别表示秘密数据 $w=0$ 和 $w=1$ 所对应的间隔。

为了提取携密音频信号中的秘密数据,需要检测携密音频信号回声的延迟,常用倒谱分析的方法。Bender 等[23]提出采用复倒谱来提取携密音频信号回声中的秘密数据,对携密音频信号进行复倒谱分析后,对应于延迟时间的位置,会出现明显高于周围的峰值,然后通过比较不同延迟处的峰值大小,可提取当前音频帧中嵌入的秘密数据位。

在后续的回声隐藏算法研究中,很多研究者在增强保真度、增加保密性和提高算法健壮性方面给出了一些改进措施。1999 年,Xu 等[24]提出基于小幅度多回声的信息隐藏技术,用 4 个幅度较小、延迟不同的回声信号代替幅度相对较大的一个回声,在提高隐藏系统安全性的前提下,不影响秘密数据的恢复率。2002 年,Ko 等[25]提出基于时域扩展型回声的音频信息隐藏算法,提高了回声隐藏算法的安全性。该算法使用伪随机序列对回声进行扩展,经过扩展后的回声能量会减少,振幅也会降低,因此在原始音频中嵌入秘密数据带来的对音频数据本身的破坏也会减少,秘密数据的提取过程采用在倒谱域对回声内核进行相关性检测。与传统的回声隐藏算法相比,该算法能够抵抗压缩、重采样等信号处理攻击,并且透明性也很好。2003 年,Kim 等[26]提出基于双向回声核的思想,由两个方向相反、延迟时间相同的回声核表示不同的秘密数据隐藏位置,该算法在增强嵌入透明度的同时,秘密数据的提取正确率大幅度增加。2011 年,Xiang 等[27]提出基于改进 PN 序列和提取函数的音频信息隐藏方法,该算法利用改进 PN 序列生成回声核。回声核在音频浊音段的相关函数具有较大的峰值,因此可提高算法的安全性,且携密音频信号的透明性较高(强度因子 0.001 时,信噪比可达 39.18dB),还可抵抗加噪、重量化和 MP3/ACC 压缩攻击(秘密数据提取正确率在 90% 以上)。2015 年,Hua 等[28]提出在回声信息隐藏的提取端,实倒谱性能优于复倒谱性能的结论,倒谱分析结果的实部和虚部都可映射回声核的全部内容,讨论了回声核长度,回声核延迟及调整因子对信息隐藏系统提取性能的影响,并给出基于联合倒谱分析提取秘密数据的算法。

回声隐藏算法嵌入容量适中,携密音频透明度较高,且多能抵抗常规的信号处理攻击。其缺点是倒谱运算比较复杂,不利于硬件部署和实现,且算法对去同步攻击的抵抗力不够强,如变调、剪切等操作可能降低秘密数据的提取正确率。

(3)相位编码算法

人类听觉系统对音频信号的绝对相位不敏感,而对相对相位比较敏感[29]。利用人耳这一特性,相位编码隐藏算法用不同的秘密数据位表示不同的参考相位,改变原始音频信号段的绝对相位,并对其他的音频帧进行同步调整,从而达到嵌入秘密数据的目的。

Bender 等[30]提出一种改进的相位编码算法,在数据转换点之间设定短时缓冲区以使转换变得平缓,从而提高秘密数据的隐蔽性。该算法的具体步骤如下。

步骤 1,对音频信号 $s[i]$ 进行分帧,对每帧音频数据应用 DFT,得到一个幅度向量 $\boldsymbol{A}_i(w_k)$ 和相位向量 $\boldsymbol{\phi}_i(w_k)$。

步骤 2,计算并存储两个相邻音频信号帧之间的相位偏差,即

$$\Delta\boldsymbol{\phi}_{i+1} = \boldsymbol{\phi}_{i+1}(w_k) - \boldsymbol{\phi}_i(w_k) \tag{1.3}$$

步骤 3,根据秘密数据位的内容,修改首帧音频信号的相位值,即

$$\boldsymbol{\phi}_0(k) = \begin{cases} \pi/2, & m=0 \\ -\pi/2, & m=1 \end{cases} \tag{1.4}$$

其中, m 表示当前要隐藏的秘密数据位的内容。

步骤 4, 使用相位偏差建立与秘密数据对应的相位向量, 结合修改后的相位向量 $\boldsymbol{\phi}_i(w_k)$ 和原幅度向量 $\boldsymbol{A}_i(w_k)$, 对步骤 1 的结果进行离散傅里叶逆变换(inverse discrete Fourier transform, IDFT)变换, 生成携密音频信号, 即

$$\boldsymbol{\phi}_i(w_k) = \boldsymbol{\phi}_{i-1}(w_k) + \Delta\boldsymbol{\phi}_i(w_k) \tag{1.5}$$

步骤 5, 提取过程与嵌入过程相反, 利用首段携密音频信号帧的相位值进行判决。

2004 年, Dong 等[31]提出面向模拟/数字音频信号的相位隐藏算法。算法对每一帧音频都静态地进行相位调制, 因此其鲁棒性较高, 可以抵抗常规信号处理及 MP3 有损压缩, 不过这种算法的普适性不高, 对于语音信号的重要语义部分没有挑选出来, 可能影响接收端对携密音频的理解。2008 年, 同鸣等[32]提出基于局部相位分区实现信息隐藏的新算法, 相对经典的相位调制算法, 局部相位信息的使用, 在保证听觉透明度的同时, 能提高信息的嵌入容量, 降低误码率。

2016 年, Ngo 等[33]提出基于自适应相位调制的音频信息隐藏算法, 对每帧语音信号能量分布进行分析, 选取最不重要段进行秘密数据嵌入。同时, 增加自动帧同步技术, 在提取端利用 IIR 全通滤波器进行秘密数据的提取, 算法在无攻击情况下, 嵌入容量为 100bit/s 时, 秘密数据正确率可达到 99%; 有攻击情况下, 嵌入容量为 66bit/s 时, 提取正确率可达到 94.3%。

相位编码信息隐藏算法透明性高, 但由于增加了短时缓冲区, 降低了算法的嵌入容量, 因此必须在嵌入数据容量与嵌入效果之间进行权衡。

(4) 扩频算法

最早采用扩频技术的是对保密性要求很高的军事通信系统。扩频技术具有如下特点。

① 作为一个伪随机信号,扩频信号具有不可预测性,因此其抗干扰能力很强。

② 扩频信号占用的频率范围较宽泛且功率分布相当均匀,因此被载信号的功率谱密度很低。

③ 码分多址(code division multiple access,CDMA)通信是扩频通信的另一个特性,根据用户的不同可选择不同的码址,使攻击者无法固定地址码来避免窃听。

1997 年,Cox 等[8]首次将扩频技术应用于数字信息隐藏研究中,其主要思想是将用伪随机 PN 序列调制后的秘密数据嵌入载体音频信号的某种变换域中。扩频算法常采用的嵌入方式有加性嵌入、乘性嵌入和指数嵌入。

加性嵌入

$$C_W = C_O + \alpha W_r \tag{1.6}$$

乘性嵌入

$$C_W = C_O(1 + \alpha W_r) \tag{1.7}$$

指数嵌入

$$C_W = C_O e^{\alpha W_r} \tag{1.8}$$

其中,C_W 表示嵌入秘密数据后的音频信号;C_O 表示原始音频信号;α 表示秘密数据的嵌入强度;W_r 表示用伪随机 PN 序列扩频调制后的秘密数据。

扩频信息隐藏技术中的秘密数据提取过程是通过计算携密音频信号和伪随机噪声的相关性实现的,可用式(1.9)和式(1.10)表示,即

$$Z_{lc} = \langle C_W, W_m \rangle = C_W^H W_m \tag{1.9}$$

$$m = \begin{cases} 1, & Z_{lc} > T \\ 0, & Z_{lc} < -T \\ 无信息, & 其他 \end{cases} \tag{1.10}$$

其中,Z_{lc} 表示提取相关值;W_m 表示秘密数据的扩频形式;T 表示判决

阈值。

为了降低扩频音频信息隐藏系统的检测错误率,一些研究者提出改进的扩频信息隐藏方法。2005 年,He 等[34]提出的基于修改感知熵心理模型和改进扩频的音频信息隐藏方法,将秘密数据嵌入信号的特殊区域(即平均能量高的区域),该算法的计算复杂度比经典扩频方法低,而且可以提高携密音频信号的鲁棒性。2010 年,王小明等[35]提出基于线性干扰抵消的扩频算法,在音频残差空间内对秘密数据作预先抵消处理,再嵌入音频载体的残差中。该算法可以有效地消除音频载体干扰,显著提高秘密数据提取正确率,并且对于常见的语音处理和攻击具有较强的鲁棒性。

2015 年,Zhang 等[36]对扩频音频信息隐藏算法的信道嵌入容量进行了理论分析,并给出容量计算方法,即

$$C(\beta) = 1 - \exp\left[-\frac{\beta^2}{2\delta^2}\right] \qquad (1.11)$$

其中,C 表示秘密数据的嵌入容量;$\delta = 0.9$。

2016 年,Xu 等[37]提出正交序列扩频音频信息隐藏算法,给出正交化多序列隐藏的最佳容量值,算法可以实现在每个音频载体样本中嵌入 1.1 比特的秘密数据的容量。

(5) Patchwork 算法

Patchwork 算法也称拼凑算法。Patchwork 一词原指形彩各异的碎布片拼接而成的布料。Bender 等[4]1996 年提出的 Patchwork 算法最初主要应用于图像载体的信息隐藏。

Arnold 等[38]首次将该方法应用于数字音频信号的信息隐藏,其核心思想是调整原始音频信号统计特性的比较关系,实现表征秘密数据的目的。具体算法如下。

① 秘密数据的嵌入过程。

步骤 1,对原始音频信号进行分帧。

步骤 2,用密钥映射出一组伪随机数,利用伪随机数随机地在音频信号帧中选择两个相互交织且不重叠的同容量子集 $A=\{a_i,i=1,2,\cdots,M\}$ 和 $B=\{b_j,j=1,2,\cdots,M\}$。

步骤 3,由人类听觉心理模型确定两个改变量 Δa_m 和 Δb_m,对应于秘密数据中的二进制数 0 和 1,系数的改变量 Δa_m 和 Δb_m 必须满足不可感知性。

步骤 4,对子集 A 和子集 B 中的样本进行修改,$a'_i=a_i+\Delta a_m$ 和 $b'_j=b_j+\Delta b_m$,其中 $a_i\in A,b_i\in B,m=\{0,1\}$。

步骤 5,用修改后的样本值重组音频信号。

② 在提取端,秘密数据提取按以下步骤进行。

步骤 1,对携密音频信号进行相同的分帧。

步骤 2,然后利用安全密钥再生伪随机数,利用随机数伪随机地选择两个相互交织且不重叠的同容量子集 $C=\{c_i,i=1,2,\cdots,M\}$ 和 $D=\{d_j,j=1,2,\cdots,M\}$。

步骤 3,利用式(1.12)计算统计量,即

$$S_m^2=\frac{\sum_{i=1}^{n}(c_i-a_m)^2+\sum_{i=1}^{n}(d_i-b_m)^2}{n(n-1)} \tag{1.12}$$

步骤 4,按照式(1.13)和式(1.14)计算两类二进制秘密数据下的统计量阈值,即

$$T_0^2=\frac{(\bar{a}_0-\bar{b}_0)^2}{S_0^2} \tag{1.13}$$

$$T_1^2=\frac{(\bar{a}_1-\bar{b}_1)^2}{S_1^2} \tag{1.14}$$

步骤 5,定义 $T^2=\max(T_0^2,T_1^2)$,则可通过判决式(1.15),提取出秘密数据,即

$$
m = \begin{cases} 1, & T^2 > \text{Th} \ \text{且} \ T_0^2 < T_1^2 \\ 0, & T^2 > \text{Th} \ \text{且} \ T_0^2 > T_1^2 \\ \text{无秘密数据}, & T^2 \leqslant \text{Th} \end{cases} \tag{1.15}
$$

其中,Th 表示判决秘密数据存在性的阈值。

经典 Patchwork 拼凑算法的先验假设认为音频信号随机样本的均值相同,实际上样本均值之间的差异并不是总为零。Yeo 等[39]提出基于 DCT 的改进 Patchwork 拼凑算法,其特点如下。

① 将音频信号随机样本信号的分布设定为更符合实际情况的正态分布。

② 自适应地对改变量 Δa_m 和 Δb_m 进行调整。

③ 使用符号函数嵌入秘密数据。

改进后的算法能够抵抗一般的信号处理攻击和 MP3 压缩攻击,具有较好的鲁棒性。

Cvejic 等[40]提出基于人类听觉系统(human auditory system,HAS)的 DWT 域局部特性的拼凑算法,生成的携密音频信号可以抵抗低通滤波和重采样攻击,且提取误码率大大降低。

2014 年,Xiang 等[41]提出基于强度因子的 DCT 域拼凑算法,算法先将秘密数据购入载体音频的 DCT 系数中,再将同步信号嵌入携密音频的对数 DCT 域中,提取时,先对携密音频进行对数 DCT 变换,找到同步攻击的强度因子,对携密音频进行去攻击操作,结合同步码可到得秘密数据。该算法在 16bit/s 嵌入容量的前提下,受同步攻击后秘密数据提取正确率可达到 94.7%。

(6) 量化算法

量化方法根据不同的秘密数据,用不同的量化器"圈定"原始音频信号,而不是将秘密数据简单地"叠加"在原始音频信号上。提取秘密数据时,根据携密音频信号生成的待检信号与不同量化结果的距离重构出秘密数据。根据秘密数据嵌入域的不同,量化隐藏可分为时域量化算法和频域量化算法。时域量化算法是通过在音频信号的时域样本空间,直接对样本的幅值进行量化修改来嵌入秘密数据。频域量化算法则是通过对音频信号的频域系数进行量化修改来实现秘密数据的隐藏。由于在频域的量化算法可以把秘密数据的能量分散到所有或部分音频样本的能量谱上,因此其透明性和鲁棒性比时域算法要好。1997年,日本学者 Moriya 等[42]首次将矢量量化(vector quantization,VQ)算法应用于音频信息隐藏,并对代表秘密数据的矢量个数和失真测量的权重因子进行研究。

经过近年的研究,量化隐藏算法已形成比较系统的理论体系,也有研究者不断提出新的研究成果。2004 年,Moulin 等[43]对量化隐藏算法给出总结性的分析。量化隐藏算法可表示为

$$y=\begin{cases} Q(x,d)+3d/4, & w=1 \\ Q(x,d)+d/4, & w=0 \end{cases} \tag{1.16}$$

其中,y 表示量化值;d 是量化步长;w 是二进制秘密数据;x 是原始音频信号(时域或变换域);$Q(x,d)$ 表示量化函数,即

$$Q(x,d)=\lfloor x/d \rfloor d \tag{1.17}$$

其中,$\lfloor \ \rfloor$ 表示向下取整。

在秘密数据的提取端,通过计算携密音频信号相关值和不同量化器间的距离来恢复秘密数据,可以描述为

$$w=\begin{cases} 1, & y-Q(y,d) \geqslant d/2 \\ 0, & y-Q(y,d) < d/2 \end{cases} \tag{1.18}$$

当第三方攻击对量化值 y 造成的攻击产生的误差 Δy 满足式(1.19)的条件时,嵌入的秘密数据就可以正确提取出来,即

$$\Delta y \in (kd-d/4, kd+d/4) \tag{1.19}$$

除了上述均匀量化算法,Moulin 还对量化隐藏算法进行了一些改进,提出失真补偿标量量化索引调制(quantization index modulation,QIM)算法[44,45]和基于多样本或多变换系数的稀疏量化算法[46]。

2011 年，Vivekananda 等[47]提出用抖动量化（dither modulation，DM）的方法在音频载体数据的 SVD 结果中嵌入秘密数据的方法，算法嵌入容量达到 196bit/s，且可抵抗加噪、重量化/采样、低通滤波，MP3 压缩，剪切和回声攻击。

2012 年，Zhao 等[48]提出基于对数自适应量化投影（logarithmic adaptive quantization projection，LAQP）的音频信息隐藏方法，利用二进制均衡随机码随机地将秘密数据嵌入脉冲编码调制（pulse code modulation，PCM）格式的载体音频的 32 个子带系数的对数域，携密音频 SNR 达到 30dB，客观差异性评级（objective difference grade，ODG）达到 −0.2，嵌入容量为 689bit/s，且能抵抗 Stirmark Benchmark for Audio[49]软件内设置的大部分攻击。

2015 年，孙冉[50]提出可用于可变码率数字音频的信息隐藏技术，将比特率索引的奇偶性或比例因子长度索引值作为嵌入依据，量化完成后进行信息嵌入，携密音频透明度表现较好，算法计算量较小，可满足实时性要求。

量化隐藏方法简单易行，多为盲隐藏算法，提取端不需要原始音频信号的参与，而且秘密数据的提取准确率不受音频载体类型的影响。在没有噪声干扰的情况下，量化算法几乎可以无误地恢复出嵌入的秘密数据，但其对某些信号处理类型攻击的鲁棒性较弱。

1.2.2 秘密数据预处理技术

秘密数据在嵌入载体音频之前，通常要对原始秘密数据进行预处理。预处理主要考虑两方面需求：一是进行数据压缩处理，以最大限度降低秘密数据嵌入量，提高传输效率、降低对载体音频质量的影响；二是进行数据加密或置乱处理，进一步提高秘密数据安全性。

秘密数据压缩需求往往针对音视频等数量较大的秘密数据，目前已有较多成熟技术可直接应用。本书第 2 章以高采样率情况下得到的音频形式的秘密数据为例,设计了一种基于余弦变换和压缩感知的低码率音频编解码算法,在降低音频秘密数据量的同时,可以提高其安全性。

加密或置乱可应用于各种秘密数据以提高其本身安全性,当前应用较多的主要方法如下。

(1) 使用 m 序列对秘密数据进行扩频加密

m 序列[51]是最基本的伪随机序列,通常由二进制移位寄存器产生,具有如下性质。

性质 1,序列中两种不同元素出现的概率接近。

性质 2,若定义元素游程为 Λ 个同种元素连续出现的长度,则 m 序列中元素游程存在以下关系,即

$$\chi_\Lambda \approx 2\, \chi_{\Lambda+1} \tag{1.20}$$

其中,χ 表示元素游程。

性质 3,m 序列的自相关函数类似于 δ 函数,具有类似白噪声的特性。

带反馈的 k 级线性移位寄存器是构成 m 序列发生器的主要部分。k 级线性移位寄存器的输出,经过模 2 加运算后,反馈到 1 级线性移位寄存器作为输入。称第 k 个寄存器的输出序列为 m 序列。k 级 m 序列的最长周期是 $2^k - 1$,即 k 位 m 序列共有 2^k 种不同的状态,全零状态是 m 序列中需要剔除的序列形式。

应用于通信领域的扩频通信具有抗噪声、抗干扰、低功率谱密度和安全性高等优点。扩频加密的机制是在加密端,利用一个伪随机生成的序列对待加密秘密数据进行频谱的扩展,使加密后的秘密数据占有的信道带宽相对平常情况下所需的最小带宽有很大幅度的提高。在解密端,首先生成相同的伪随机序列,然后利用该伪随机序列对接收的数据序列进行解扩。扩频加密技术使用的伪随机数据序列具有周期性、可再生性和类似白噪声的性质,其相关谱密度函数具有比较尖锐的特性,使扩频加密技术具有较优良的抗干扰特性。

目前主要采用两种方式对二进制秘密数据序列进行扩频加密。

第一种方式是在加密端直接对二进制秘密数据序列和 m 序列进行异或运算,在解密端再根据相同的 m 序列进行异或运算。第二种方式是在加密端,先对二进制秘密数据序列进行过采样(比特重复),然后使用 m 序列对比特重复后的二进制秘密数据序列进行调制,得到加密后的二进制秘密数据序列。

(2)利用混沌序列对秘密数据进行加密

在确定性系统中,出现的貌似随机的不规则运动称为混沌。混沌现象是指在一个能够用理论进行确定性描述的信号系统中,输出信号却表现出不可预测性、不可重复性和不确定性。混沌是非线性动力系统中普遍存在的固有特性。混沌系统具有优良的特点:构造简单、对初值敏感和类似白噪声。利用相同的初始值可以精确地重复构造出相同的混沌序列。借助混沌序列的特性,可以利用 Logistic 混沌对二进制秘密数据进行预处理,增加破解难度,提高秘密数据的安全性。

定义 1 给定一个分支参数 μ,且 $3.57 \leqslant \mu \leqslant 4$,当系统的数据按以下递推式呈现时,则称该序列为 Logistic 混沌序列,即

$$x_{k+1} = \mu x_k (1 - x_k) \tag{1.21}$$

Logistic 混沌序列具有近似于零均值白噪声的遍历统计特性,良好的复杂性、相关性和随机统计特性。对攻击者而言,对混沌序列进行正确的长期预测是不可能的。

尽管混沌序列在理论上是非周期的,但由于计算机在计算时是离散的,实际计算的离散性使混沌序列出现周期性的现象而失去混沌特性。为了避免这种现象,实际生成混沌序列时,需要利用前一个采样点 x_k 对当前采样点 x_{k+1} 进行微调反馈扰动。

图 1.2 是一段经过扰动处理后的 Logistic 混沌序列分布图。从图 1.2 可以看出,利用混沌序列生成的密码数据流具有良好的随机统计特性和均匀分布特性。

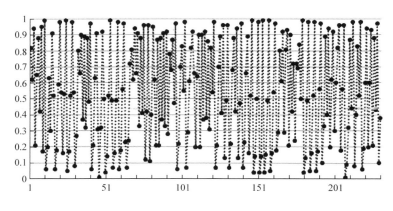

图 1.2　Logistic 混沌序列

生成 Logistic 混沌序列后,便可利用异或或者过采样的方法,对二进制秘密数据进行加解密。

（3）利用置乱技术对秘密数据进行预处理

基于置乱技术的秘密数据预处理方法,不但能增强秘密数据抵抗恶意攻击的能力,还可以提高秘密数据的安全性。

传统的密码学对二维图像格式数据的加解密方法尚缺乏足够的研究,这源于传统的密码学主要以一维数据流信号为研究对象,且有一整套较好的算法。数字图像有其固有的一些特殊性质,如数据容量大、相似性、二维自相关性等,使得利用传统的一维数据加密方法对二维图像数据进行加密的效果并不显著。

图形/图像作为直接与人类视觉系统接触的直观型表达方式,具有很大的迷惑性。如果在二维空间范围内对数字图像做一些"扰乱",会得到一副杂乱无章的图像。在这种情况下,即使非法攻击者获取"扰乱"后的图像,仍无法确认图像是否具有破解意义,而且在不知道加密密钥的情况下也无法恢复出具有实际意义的图像数据。

置乱技术可以破坏图像的自相关性,扰乱图像的组成结构,使人类视觉系统难以从中提取出有价值的信息。即使计算机用暴力破解法猜测各种组合,也要耗费大量的时间和计算资源,这就在一定程度上提高了图像秘密数据的保密性。

置乱技术的特点如下。

① 置乱变换具有周期性,先是越来越乱,当置乱的迭代次数达到固定的周期后,就会恢复到原始图像。

② 置乱变换不改变图像的大小。

置乱技术主要用于对二维数字图形/图像格式的数据进行预处理和后处理,比较常用的置乱技术有 Arnold 变换[52]、幻方变换[53]、Hilbert 曲线变换[54]、仿射变换[55]、正交拉丁变换[56]等。这里只简述比较简单易行的 Arnold 置乱变换和 Hilbert 曲线置乱变换。

第一,Arnold 置乱变换。

Arnold 置乱是 Arnold 在研究遍历理论时提出的一类裁剪变换方法。假设数字图像的像素坐标为 $x,y \in \{0,1,\cdots,N-1\}$,于是可以定义如下 Arnold 置乱变换。

定义 2 设有单位正方形上的点 (x,y),可以将点 (x,y) 变成另一点 (x',y') 的变换,即

$$\begin{bmatrix} x' \\ y' \end{bmatrix} = \begin{bmatrix} 1 & 1 \\ 1 & 2 \end{bmatrix} \begin{bmatrix} x \\ y \end{bmatrix} (\bmod N) \qquad (1.22)$$

则称式(1.21)为二维 Arnold 变换。

记变换矩阵为 $\boldsymbol{A}$,右端 $(x,y)^{\mathrm{T}}$ 为输入,左端 $(x',y')^{\mathrm{T}}$ 为输出,考虑反馈,迭代公式为

$$P_{x,y}^{n+1} = AP_{x,y}^{n}(\bmod N) \qquad (1.23)$$

其中,$P_{x,y}^{n} = (x,y)^{\mathrm{T}}$;$n=0,1,\cdots,N$,表示进行置乱迭代的次数。

由于 Arnold 置乱迭代过程呈周期性,使得继续使用 Arnold 置乱一定会还原到初始图像状态。

Arnold 变换有优势也有缺点,在选择秘密数据维数时,必须是方阵数据,否则就不能使用 Arnold 变换进行预处理。

第二,Hilbert 曲线置乱变换。

Hilbert 曲线最初由德国人 Hilbert 和意大利人 Peano 于 1890 年提出,用于填满一个单位正方形 $S=[0,1]\times[0,1]$。利用曲线生成系统的"边(点)改写"方法,很容易生成 Hilbert 曲线。沿着 Hilbert 曲线的走向,对图像中的所有点进行遍历,就可以得到 Hilbert 变换图像。

假设有一幅 4×4 的图像 I,其对应的矩阵是 $\boldsymbol{B}$,则可按下述步骤进行。

步骤 1,沿着 Hilbert 曲线的走向分别标上 $1,2,\cdots,n^2$,这样就可以得到一个矩阵 $\boldsymbol{A}$。

步骤 2,将矩阵 $\boldsymbol{A}$ 中的自然数序号与原始图像矩阵 $\boldsymbol{B}$ 中的点根据行列一一对应。

步骤 3,将 $\boldsymbol{A}$ 中的序号为 m 的元素移到坐标 $[(m-1)/n,(m-1)\bmod n]$,其中 $m\in\{1,2,\cdots,n^2\}$。

步骤 4,随着矩阵 $\boldsymbol{A}$ 中元素位置的移动,矩阵 $\boldsymbol{B}$ 中元素的位置也做相应的移动。

当矩阵 $\boldsymbol{A}$ 变成 $\boldsymbol{A}_1$ 时,矩阵 $\boldsymbol{B}$ 就变成 $\boldsymbol{B}_1$,记 $\boldsymbol{A}_1=E\boldsymbol{A}$,那么 $\boldsymbol{B}_1=E\boldsymbol{B}$。Hilbert 置乱同样可以进行多次迭代,$\boldsymbol{A}_n=E^n\boldsymbol{A}$,$\boldsymbol{B}_n=E^n\boldsymbol{B}$。

1.2.3　对音频信息隐藏系统的攻击

如果要保护携密音频信号内嵌入的秘密数据,就需要携密音频信号对所有可能对其产生的操作具有鲁棒性,即携密音频要抵抗尽可能多的攻击。对携密音频信号的攻击分为两类:一类是常规的信号处理操作,如信号重采样、重量化、滤波、加噪声和有损压缩;另一类是第三方专门设计的一些信号处理攻击,如剪切、时间缩放、变调和混频等。Stirmark Benchmark for Audio[49] 是测量音频信息隐藏鲁棒性的标准测试工具。该软件攻击方法的详细描述如下。

(1) 动态改变

① 幅度压缩。基于压缩的信号强度限制算法可以使音频信号的峰

值限制在一定范围,且不产生失真。默认的幅度压缩使用的设置是:压缩比 1∶1.1,阈值−50dB,输出增益 0dB。攻击时间和释放时间的设置分别为 1ms 和 500ms。

② 降噪。常规的降噪操作用于移去音频信号中的回声,通过设定一个阈值参数可将信号的某个响度值以外的信号定义为噪声,缺省的设置为−80dB 和−60dB。

③ 添加随机噪声。在不降低听觉感知质量的前提下,将原始样点值的 0.5% 作为噪声叠加到携密音频信号中。

(2)滤波

① 高通滤波。滤除低于 50Hz 的频率成分。

② 低通滤波。滤除高于 1.5kHz 的频率成分。

③ 均衡滤波。为降低每个频带的能量,设置均衡器的响应范围为 48dB,使用的带宽由频率除以 10 000 得到。这一攻击的 3 个版本分别使用从 31Hz∼16kHz 的频带:距离为 1 个倍频程的 10 个频带,距离为 1/2 个倍频程的 20 个频带,距离为 1/3 个倍频程的 30 个频带。

④ 左右声道分离。首先对所有声道的音量进行归一化。然后分别将左右声道的频谱分成 20 个频率带,每隔两个频带,在左声道增加 5dB,右声道降低 5dB。

(3)回响

① 延时。复制一个原始音频信号并放大到原来的 110%,再在 400ms 的延迟时间内叠加到原始音频信号中,用于模拟空旷空间对音频信号的回声。

② 混响。直接使用软件的混响效果,模拟房间内播放音频信号的时延和反射。

(4)转换

① 重采样。改变信号的采样频率。典型的降低采样频率是在 CD 制作中,从 48kHz 降低到 44.1kHz。软件的缺省设置采用从 44.1kHz

降低到 29.4kHz。这样信号的最高频率就降低了,类似于低通滤波。

② 倒置。改变样本的符号。

（5）调制

① 和声。使用不同的调制强度和时延,在携密音频上添加一个调制回声信号。缺省设置为 5 个元音,最大时延 30ms,延时率 1.2Hz,反馈 10%,元音扩展为 60ms,抖动幅度 5dB,抖动速率 2Hz。

② 镶边。使用信号的固定短时时延和备份同信号本身进行混合。

③ 增强。增加信号的高频成分的数量,减少可感知的清晰成分,可使用 Sound Forge[57] 软件对信号进行增强攻击,缺省的攻击强度为中等。

（6）音调变化和时间拉伸

① 音调变化。这是当前音频编辑算法中使用最复杂的攻击,只改变音调频率而不改变采样率,可使用 Sound Forge 软件使基音增加 5 音分。

② 时间拉伸。与音调变化相反,这种攻击不改变音调,而是改变音频信号的持续时间,可使用 Adobe Audition[58] 软件产生长度为原始持续时间的 102% 的信号。

（7）样点置乱

① 零插值(zero-cross inserts)。首先在音频样本中查找值为 0 的采样点,在该采样点前后各增加 10 个 0 值采样点,生成一个短时无声信号。两个无声段间隔时间不小于 1.5s。

② 样点复制。随机选取样点,并进行重复,增加信号的持续时间。在实验中,每 0.5s 内使用 20 个信号样点进行重复。

③ 样点置乱。随机选择的样点互换位置,每 0.5s 内至多置乱 20 个样点。

④ 样点剪切。从信号中随机删除一段样点。为使该攻击不可感知,使用的最大序列长度为 50 样点,样点最大值位于起始和末尾样点

值之间，每 0.5s 删除 20 个序列。

1.2.4 同步机制

基于一维音频信号的信息隐藏，面临严重的去同步攻击挑战。大多数音频信息隐藏算法都是基于采样点位置的，即秘密数据嵌入音频信号的时空域或变换域特定的位置再从该位置提取，而去同步攻击会使秘密数据提取不在嵌入时的位置上。扩频信息隐藏中采用的相关性检测法依赖于携密音频信号和原始音频信号之间严格的位置对齐，同步攻击会破坏这种对齐结构，对检测性能产生严重的影响。根据对携密音频信号同步结构的破坏程度，可以把对携密音频的去同步攻击分为两类。

① 对音频信号的同步结构影响有限的攻击，如压缩、滤波、加噪、加入回声和重采样/重量化。

② 对音频信号的同步结构损坏严重的攻击，如抖动、时间尺度变形、变调等。

Cox 等[8]对抵抗去同步攻击的方法做出如下总结。

① 穷举搜索。在携密音频信号遭受时域去同步攻击后，穷举搜索法是恢复秘密数据最简单的方法。通过定义携密音频信号相关参数（如时间缩放或延迟）的变化斜率，对这些参数进行排列组合，每种组合表示一个对携密音频进行的攻击。提取秘密数据时首先逆转每个可能的组合，然后各应用一次秘密提取算法。穷举搜索法存在两个缺陷：一是随着搜索空间的增大，计算代价急剧增高；二是提取操作过频引起的过高虚警率问题。因此，穷举搜索法多用于小搜索空间范围内的同步。

② 显式同步。显式同步是在嵌入端的秘密数据序列中加上一个同步标记。在提取端，首先查找到同步标记，并将其与原始同步标记进行逐位比较来识别携密音频受到的攻击。采用显式同步方法会产生两个负面的问题：一是降低秘密数据的嵌入容量；二是安全性问题。在信息

隐藏系统中,为了减轻提取端的计算担负,同一个同步标记多被用于一系列不同音频信号载体中。然而,一旦同步标记被非法入侵者发现,整个系统内的受保护载体的安全性都会受到威胁。因此,必须同时保证秘密数据和同步标记的安全性。

③ 自相关。一些具有自相关性质的秘密数据序列,可同时作为同步标记和秘密数据。由于自相关信号在零点有尖锐的峰值,而在非零点处迅速减少。因此,可以利用自相关检测法对携密音频信号进行同步定位的同时提取秘密数据。

④ 隐含同步。隐含同步法是用原始音频信号的某些物理特征参数来识别秘密数据嵌入位置的方法。音频信号的许多特性(如节拍、过零率、频率质心、音调等)都可以抵抗某些信号处理攻击,因此可以用于隐含同步。由于同步机制只依赖载体信号本身的特征,没有外部同步数据参与,因此称为隐含同步。隐含同步要求用于标志秘密数据嵌入位置的音频信号特征点,在提取端能够无误地被识别出来。然而,某些攻击可能影响特征点在载体信号中的位置,导致隐含同步机制的失效。

1.2.5　音频信息隐藏性能评估

评估音频信息隐藏系统性能的主要指标有不可感知性、鲁棒性和隐藏容量等。需要指出的是,这三个主要指标是相互制约的。如图1.3所示,一般情况下,秘密数据的嵌入容量越大,携密音频的感知透明度就会越差,同时携密音频抵抗各种攻击的能力也越弱。如果要同时保持很强的感知透明度和鲁棒性,就要以牺牲秘密数据的嵌入容量为代价。

(1) 不可感知性

不可感知性也称为感知透明度、隐蔽性。它要求秘密数据的嵌入不能影响音频的听觉感觉质量。在一个音频信息隐藏系统中,在保持

图 1.3 信息隐藏系统主要指标间的关系

原始载体信息容量不变的前提下,如果隐藏算法使携密音频信号的总体容量远远超过原始载体信号的容量,就会降低系统传输速度,引起攻击者怀疑,加大秘密数据被截获的概率。因此,对于隐蔽通信,音频载体在加载秘密数据前后的大小变化一般不应很大。评价不可感知性可以使用主观标准和客观标准。

① 主观标准。

在音频信息隐藏中,最常用到的主观评价标准是平均意见得分(mean opinion score,MOS)。选取听觉正常的测试人员对携密音频质量的好坏按五分制进行主观评分。MOS 分值的描述如表 1.1 所示。

表 1.1 MOS 评分标准

MOS	音频质量描述
5	非常清晰,相当于专业录音棚的录音质量
4	自然流畅,相当于长距离 PSTN 网上的话音质量
3	达到通信质量,听起来仍有一定困难,但不影响语义理解
2	语音质量很差,难以理解
1	相当于噪声质量,基本被破坏

② 客观标准。

对携密音频质量的客观评价多采用时域评价方法。时域评价方法评判嵌入秘密数据后的音频信号与原始音频信号之间的失真度。最常

用的时域失真度是信噪比(signal noise rate,SNR),即

$$SNR = 10\lg \frac{\sum_{i=1}^{N} s(i)^2}{\sum_{i=1}^{N} [s(i) - s_w(i)]^2}$$

其中,$s(i)$ 和 $s_w(i)$ 分别表示原始音频信号和嵌入秘密数据后的音频信号。

整体信噪比计算简单,可以大致给出携密音频信号质量的优劣。然而,由于携密音频高能量信号的信噪比占主要部分,因此并不能反映低能量段信噪比对听觉感知质量的影响。音频信号多呈短时平稳状态[29],因此选取更为合理的短时信噪比,能够更加精确地描述携密音频信号的失真程度。分段信噪比可按式(1.24)进行计算,即

$$SNR_{SEG} = \frac{1}{K} \sum_{k=1}^{K} SNR_k \qquad (1.24)$$

其中,SNR_k 是第 k 个短时段的信噪比。

由于分段信噪比是对短时信噪比的统计平均值,因此分段信噪比能够更加准确地评估携密音频信号与原始音频之间的失真度。

(2) 鲁棒性

鲁棒性也叫健壮性,是指音频信息隐藏算法抵抗各种攻击的能力。攻击者对携密音频信号破坏后,利用信息隐藏算法提取出的秘密数据必然受到不同程度的损坏。评估隐藏系统鲁棒性的指标包括误码率(bit error rate,BER)和归一化相似度系数(normalized coefficient,NC)。

误码率是指携密音频受到攻击后提取得到的秘密数据与原始秘密数据之间不同秘密比特所占的百分率。BER 的定义为

$$BER = \frac{B_E}{B_A} \times 100\% \qquad (1.25)$$

其中,B_E 表示提取的秘密数据中错误的比特数;B_A 表示秘密数据的总

比特长度。

相似度系数是指提取出的秘密数据与原始数据之间的相似程度,即

$$NC = \frac{w'}{w} \times 100\% \qquad (1.26)$$

其中,w 表示原始秘密数据;w' 表示提取出的秘密数据。

大部分音频信息隐藏研究者在对算法鲁棒性进行实验时,都提出自己的测试音频样本集和攻击方法,这就给算法的横向比较带来困难。因此,建立一个通用的测试平台和测试标准就显得非常重要。许多组织在这方面做了大量的工作,其中 STEP2000、数字音乐安全促进会(secure digital music initiative,SDMI)和 Stirmark Benchmark for Audio 是目前常用的音频信息隐藏算法鲁棒性的测试工具和平台。

(3) 嵌入容量

嵌入容量也称为数据载入量或嵌入带宽,指单位长度音频信号中可以嵌入的秘密数据量,通常用比特率表示,单位为 bit/s,即每秒音频信号中可以嵌入多少比特的秘密数据。此外,也有以单位样本数嵌入量表示的,即每个采样样本中可嵌入的二进制秘密数据信息量。对于数字音频信号,当音频信号的采样率确定后,这两种度量方法是可以相互转化的。

除了上述主要性能指标,还有其他一些指标,如算法计算复杂度、算法安全性、可监测性等。这些性能通常与具体的应用环境相关,不同的应用领域对指标有不同的要求。

第 2 章　秘密数据预处理技术

隐蔽通信中真正要传输的是需要安全保护的秘密数据。秘密数据可以是文本、音频、图像、图形或视频等多种形式。对于数据量比较大的音视频形式的秘密数据,为了使携密音频的透明性较好,必须将待嵌入的秘密数据量控制在一定范围内。其次,如果直接将秘密数据隐藏到音频载体中,一旦有攻击者从携密音频信号中截获隐藏的秘密数据,就可以直接获取秘密数据信息,秘密数据的安全性难以保证。因此,在隐蔽通信前,通常要对秘密数据进行必要的预处理。

秘密数据预处理是指对需隐藏的秘密数据,进行加密或压缩等处理,以提高系统能够传输的秘密数据容量和安全性。本章研究秘密数据预处理的相关技术问题,主要包括以下思想和方法。

① 针对数据压缩需求,以高采样率情况下得到的音频形式的秘密数据为例,设计基于余弦变换和压缩感知的低码率音频编解码算法,在降低音频秘密数据量的同时,增强其安全性,采用实际录制的语音材料对低速率语音编码算法进行实验分析,检验算法效果。

② 针对数据加密需求,以图像秘密数据为例,在单一维混沌序列加密的基础上提出一种基于双一维混沌互扰和 m 序列的加密算法,并验证分析其安全性。

2.1　基于 DCT 的音频信号压缩感知和编码算法

音频压缩编码要求在保证尽可能好的听觉质量基础上,以尽可能低的码率传输和存储语音信号中的信息。低编码率的语音压缩算法,在卫星通信、无线网络和军事保密通信等带宽资源有限的环境中有着广泛应用[59]。根据信息论的观点,理论上语音编码的极限速率为 80～100bit/s,然而在这种情况下,说话人的音质、音调、情感等重要信息已经丢失。线性预测编码是最基本的语音参数编码方法,在此基础上发展起来的码激励线性预测(code excited linear prediction,CELP)模型、混合激励线性预测(mixed excited linear prediction,MELP)模型、谐波激励线性预测(harmonic excited linear prediction,HELP)模型和波形插值(wave insertion,WI)编码模型是当前语音低速率编码研究的发展方向[60]。

压缩感知(compressive sensing CS)技术[61,62]认为如果信号本身或信号在某一变换域中稀疏或近似稀疏,就可以用此信号的投影观测值近似无损地重构原信号。重构信号的质量与信号的最高频率无关,突破了奈奎斯特采样定律对采样频率的限制。此外,Sreenivas[63]从理论和实验上分析了语音信号的稀疏特性,这使得压缩感知技术在一维语音信号中的应用成为现实。

利用压缩感知技术,进行低速率语音编码已成为一个研究的热点,叶蕾[64]等对语音信号小波变换高频系数进行感知测量,在保证解码端重构语音质量的同时,降低语音码率降至 3.4Kbit/s。2011 年,叶蕾[65]经过改进重构算法,提出基于 CS 的 3.0Kbit/s 语音编码算法,且重构语音质量的平均意见得分 MOS 值达到 3.7。Gunawan 等[66]在六核并行计算框架下,利用矢量量化算法对语音 CS 后的观测值进行编码,合成语音的 MOS 值可达到 3.6。

本书对语音信号在三种确定性稀疏变换(DCT、DFT、DWT)下的稀疏性进行分析对比,提出一种 DCT 下基于压缩感知的语音编码算法,对语音信号经过伽马通滤波器组滤波后的子带参数进行感知测量以降低码率,在解码端,利用梯度投影稀疏重建(gradient projection sparse reconstruction,GPSR)算法对感知测量后的语音信号进行重构。通过

主观和客观的语音质量评估方法,对合成语音的质量进行分析,并与
CELP 编码算法进行性能比较。

2.1.1　语音信号的稀疏表示

　　信号的严格稀疏性是指,信号在变换基上只有 K 个非零的系数。
一般情况下,信号无法达到严格稀疏。然而,如果信号经过变换后得到
的系数经排列后能够呈现出指数级衰减趋近于零的趋势,则称该信号
在该变换基下近似稀疏,这也意味着信号可压缩。此时,可以将较小系
数进行零值化处理,在不影响语音质量的前提下对信号进行稀疏化。

　　以 16kHz 的采样频率录制一段语音信号,取 320 个点的浊音信号
进行分析,其时域波形如图 2.1(a)所示,可以看出信号具有准周期性。
对信号进行 DCT 变换后,按降序对 DCT 系数的绝对值进行排序,曲线
如图 2.1(b)所示,可以发现浊音信号的系数以指数级速度衰减趋于零。
语音信号的浊音部分在离散余弦变换后的系数可以看成近似稀疏。浊
音信号在其他确定性变换基下的系数也近似稀疏。限于篇幅,其他变
换的实验数据不再列出。由于浊音信号占音频信号中的成分在 70% 以

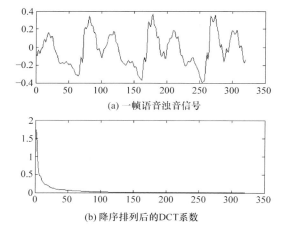

(a) 一帧语音浊音信号

(b) 降序排列后的DCT系数

图 2.1　语音信号的稀疏性

上,因此可以采用压缩感知技术对语音信号进行处理,从而降低信息冗余,实现对语音信号的压缩处理。

2.1.2　压缩感知

与传统的数据采集方法不同,压缩感知采取比传统信号恢复方法使用少得多的测量值来重构原始信号。由于只需通过存储最大的基系数,因此使得信号得到压缩。在复原过程中,没有存储的较小系数被置为零。

利用 CS 技术对原始信号进行重构需要两个前提条件。

① 信号的稀疏性,这与信号本身的特征相关。

② 非相干性,即感知模型中的观测矩阵和稀疏变换中的稀疏矩阵之间的非关联性[67]。

（1）稀疏性

在信号的随机投影中,恢复信号的前提是信号在向量空间上是稀疏的[68]。稀疏度是 CS 在测量阶段衡量一个信号冗余度的指标。观察信号在常用变换域的系数可以发现,大部分系数都非常小,可以忽略不计,只有相对较少的大系数包含信号最重要的信息。

假设原始信号为 $x \in \mathbf{R}^N$, $\boldsymbol{\psi} = \{\psi_1, \psi_2, \cdots, \psi_N\}$ 是 $\mathbf{R}^N$ 空间上的基向量。信号稀疏的条件为

$$x = \sum_{i=1}^{T} s_n \boldsymbol{\psi}_{n_i} \tag{2.1}$$

其中, s_{n_i} 是标量系数; $T < N$; $\boldsymbol{\psi}$ 是 x 的知识, $x = \boldsymbol{\psi} \cdot s$, s 是只有 T 个非零元素的稀疏向量。

观测方法为

$$y_m = \sum_{i=1}^{N} \phi_{mi} x_i, \quad 1 \leqslant m \leqslant M \leqslant N \tag{2.2}$$

或 $y = \boldsymbol{\Phi} x$, $\boldsymbol{\phi}$ 是 $M \times N$ 维的观测矩阵。$\boldsymbol{\Phi}$ 由 m 维随机正交基向量 ϕ_m 构成。如果 $\boldsymbol{\Phi}$ 和 $\boldsymbol{\phi}$ 满足非相干性,且 $M > T \log N$,则可以从 y 中高概率地

重构 $\boldsymbol{x}$。

CS 的基本目标是找出线性非自适应观测的最小数量来重构信号。重构的过程可转化为求解凸优化问题,即

$$\hat{s} = \mathrm{argmin} \parallel \boldsymbol{s} \parallel_1 \tag{2.3}$$

$$\text{s. t.} \quad \boldsymbol{y} = \boldsymbol{\Phi} \cdot \boldsymbol{\psi} \cdot \boldsymbol{s} \text{ 且 } \hat{x} = \boldsymbol{\psi} \cdot \boldsymbol{s}$$

其中,$\parallel \cdot \parallel_1$ 表示 ℓ_1 范数。

观测矩阵的维数相当低,重构时需要利用迭代算法。

(2)重构算法

重构出的信号的质量取决于观测次数,以及信号的稀疏性和重构算法的性能。稀疏逼近的重构算法基本分为三大类,即追踪算法、凸松弛算法和组合算法。其代表算法有匹配追踪(matching pursuit,MP)、梯度追踪(gradient pursuit,GP)算法和链式追踪(chain pursuit,CP)算法等。梯度追踪类算法以匹配追踪算法为基础,结合最优化方法中的最速下降法,在计算量上与 MP 算法接近,信号的重构效果与正交匹配追踪(orthogonal matching pursuit,OMP)算法相当。

2.1.3　基于压缩感知的语音编码器设计

本书提出的编码算法模型如图 2.2 所示。在编码端,输入的语音首先被分成 32ms 的语音帧,然后经过带通滤波器滤波。对帧信号进行

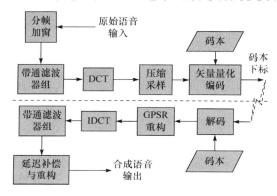

图 2.2　基于压缩感知的语音编码模型

离散余弦变换,以使信号稀疏化,利用随机高斯矩阵作为观测矩阵,对稀疏信号进行测量,将测量结果进行矢量量化,得到量化后的码本下标数据,再传输或经过信道存储。

在解码端,依据接收到的码本下标,在码本中进行检索,得到解码后的信号,接着利用 GPSR 算法对稀疏系数进行重构,得到重构的语音信号 DCT 系数,经过 IDCT 变换后,再利用带通滤波器进行滤波,得到合成的语音信号。由于重构算法和 DCT 变换占用时间资源,因此在伽马通滤波器后使用延迟补偿算法,以抵消合成语音的滞后现象。

① 带通滤波器组设计。人耳对语音信号各频带的感知是非均匀的,人耳的感知频率与传统意义的频率之间并不是线性关系。因此,在设计带通滤波器组之前,需要将实际频率映射到符合人耳感知频率的刻度上。目前,常用的非线性频率刻度变换有 Mel 刻度、Bark 刻度和等效矩形带宽(equivalent rectangular bandwidth,ERB)刻度[69]。

Mel 刻度多用于心理声学中对基音"幅度"的客观测度,它和实际频率之间大体呈对数关系,在 1kHz 以上呈对数增长,在 1kHz 以下大致呈线性分布。基于 Mel 刻度的美尔滤波器组一般采用多个三角滤波器对语音信号进行参数提取。

Bark 刻度依据人类听觉系统的频率选择性测量得到,在 500Hz 以下呈线性关系,高于 500Hz 则呈对数关系。基于临界带的 Mel 刻度和 Bark 刻度模拟人耳的听觉系统特性,但与真实的人耳听觉系统特性还有差距。

ERB 刻度是依据听觉滤波器的波形而定义的一种刻度。同 Bark 刻度相比,在 ERB 刻度下,临界带带宽更窄,尤其是在低频范围内更加明显。在 500Hz 频率以下,ERB 刻度既不像 Bark 刻度那样呈线性关系,也不是对数关系,而是介于两者之间,能够更精确地描述人耳基底膜的频率选择特性。因此,基于 ERB 刻度的耳蜗滤波器组在提取语音参数上更接近实际情况。常用的耳蜗滤波器组有伽马通滤波器组和伽马啁啾滤波器组。

伽马通滤波器组[70]的冲激响应为

$$g_{\text{tone}(i)}(t) = At^{N-1}e^{Bt}\cos(2\pi f_i t + \varphi_i)u(t) \tag{2.4}$$

其中，$t \geqslant 0$；$1 \leqslant i \leqslant N$，$N$ 为滤波器的阶数；A 为滤波器的增益；φ_i 表示相位；$u(t)$ 为单位阶跃函数；$B = -2\pi b \text{ERB}(f_i)$，ERB 为等效矩形带宽，即

$$\text{ERB}(f_i) = 24.7 + 0.108 f_i \tag{2.5}$$

式中，f_i 表示滤波器中心频率，在 $30 \sim 4000\,\text{Hz}$ 分布。

伽马通滤波器组能模拟人耳的频率选择特性和频谱分析特性，但其幅频响应曲线是关于中心频率对称的，且振幅与强度无关，无法体现出基底膜曲线的非对称性和强度相关特性。

伽马啁啾滤波器组[71]是一个标准的耳蜗听觉滤波器，其冲激响应的典型模式为

$$g_{\text{chirp}(i)}(t) = At^{N-1}e^{Bt}U(t)\cos\theta \tag{2.6}$$

其中

$$\theta = 2\pi f_i t + c\ln t + \varphi_i \tag{2.7}$$

式中，$\ln t$ 为时间的自然对数；c 为啁啾因子，当 $c = 0$ 时，伽马啁啾滤波器组简化为伽马通滤波器组。

伽马啁啾滤波器组不但具备伽马通滤波器组的优点，还可以模拟基底膜滤波器的非对称性和强度依赖性，因此选择伽马啁啾滤波器组作为带通滤波器。

② 稀疏变换基的选择。对一维语音信号进行稀疏化的变换，常见的有离散傅里叶变换、离散余弦变换和小波变换。为了评价语音信号在稀疏基下的稀疏性能，本书借鉴经济学中的基尼系数（Gini index）来衡量信号的均匀程度。基尼系数用于表征分配系统中的平均度，0 表示完全平均分配，即各个受益者在系统中得到均匀的资源；1 表示最不等分配，即最稀疏情况。

对一段语音信号进行稀疏变换后，以变换系数最大值的 3% 作为较

小系数的计数开始点,将较小系数置 0,计算系数 0 的基尼系数,结果如表 2.1 所示。可以看出,DCT 域的语音信号更加稀疏,压缩感知的效果最好。本书采用 DCT 变换以使语音信号在子带上稀疏。

表 2.1　语音信号在稀疏基下的 Gini 系数

稀疏基	Gini 系数	CPU 执行时间/s
DCT	0.8000	0.00003
FFT	0.7344	0.00002
Wavelet	0.5531	0.00477

③ 梯度投影稀疏重建算法。梯度投影[72]算法将无约束 ℓ_1 正则化非线性凸优化问题转化为带边界约束的二次规划问题。无约束凸优化问题为

$$\min\left[\frac{1}{2}\parallel y \quad \boldsymbol{A}x \parallel_2^2, \quad \tau \parallel x \parallel_1\right] \tag{2.8}$$

其中,$x\in \mathbf{R}^n$;$y\in \mathbf{R}^k$;$\boldsymbol{A}$ 是 $k\times n$ 矩阵;τ 是非负参数;$\parallel \cdot \parallel_2$ 表示欧几里得范数;$\parallel \cdot \parallel_1$ 表示 ℓ_1 范数,可以转化带约束凸优化问题,即

$$\min \parallel x \parallel_1 \tag{2.9}$$
$$\mathrm{s.\,t.} \quad \parallel y \quad \boldsymbol{A}x \parallel_2^2 \leqslant \varepsilon$$

及

$$\min \parallel y \quad \boldsymbol{A}x \parallel_2^2 \tag{2.10}$$
$$\mathrm{s.\,t.} \quad \parallel x \parallel_1 \leqslant \sigma$$

其中,ε 和 σ 均为非负实参数。

在所有的可能解中选取任意一个作为出发点,沿着负梯度的可行方向进行搜索,得到能够使目标函数值降低的新的可能解。迭代上述过程,当新的可能解落在可行域内部时,则继续沿下降的可行方向进行搜索;当新的可能解落在约束的界限上时,将该可能解所处的负梯度投影到矩阵的零空间。这样形成的新的空间是以起作用约束或部分起作用约束的梯度为行构造而成。GPSR 算法对信号的重构精度较高,且其

收敛速度比最小 ℓ_1 范数算法和硬阈值算法快。几类重建算法的 CPU 时间如表 2.2 所示。

表 2.2　几类重建算法执行时间

算法	CPU 执行时间/s
l1_ls	6.56
IST	2.76
GPSR	0.69

2.1.4　实验结果与分析

（1）语音样本录制

为了比较编码算法的性能，在录音室内录制 3 名男性和 3 名女性的话音，采样频率为 25kHz，位深 16bit。每人录制 5 段时长在 2～5s 的短话，共计 30 段语音数据。用 Adobe Audition 软件对录音进行下采样至 16kHz。

（2）码本尺寸对重构质量的影响

实验选用前 20 个语音样本作为训练码本，后 20 个语音样本进行编码并做性能测试。矢量量化固定码本的尺寸初始设置为 256、128、64、32 和 16。

以第 21 个语音样本为实验音频，测试码本尺寸对语音感知质量的影响。图 2.3 是码本大小与主观语音质量评估（perceptual evaluation of speech quality，PESQ）[73]测量值的关系曲线。可以看出，决定编码速率的码本尺寸和语音透明性之间存在相互制衡的关系。增加码本尺寸可以得到较好的合成语音质量，但这会增大编码比特率。

（3）语音合成质量客观评价

以语音素材集的后 10 个音频样本（5 男声，5 女声）为实验材料，码本尺寸设为 256，利用 PESQ、信噪比和分段信噪比作为客观评价指标，对合成语音质量进行评价。表 2.3 是 10 个语音样本的 PESQ 值。

PESQ 平均得分 3.164，表明合成语音质量较好。图 2.4 给出了合成语音的 SNR 和 SNR$_{seg}$。

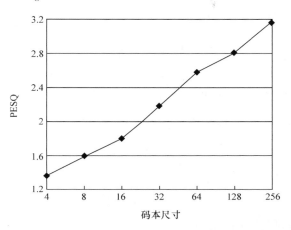

图 2.3　语音 PESQ 质量与码本尺寸关系曲线

表 2.3　合成语音的 PESQ 值

样本编号	PESQ	样本编号	PESQ	平均值
21	3.114	26	3.051	
22	3.307	27	3.135	
23	3.306	28	2.867	3.164
24	3.208	29	3.133	
25	3.375	30	3.143	

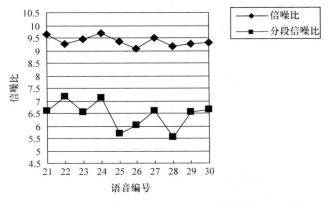

图 2.4　合成语音的信噪比和分段信噪比

（4）语音合成质量主观评价

选取 25 名听觉正常的参试人员对 10 个合成语音进行主观性能测试,可以得到每个语音样本的平均意见得分。得分 5 表示完全无杂音,得分 1 表示完全听不清。10 个合成语音的平均得分为 3.712,表示具有良好的品质,也证实了客观测试 PESQ 得分 3.164 的正确性。

（5）典型低速率声码器的性能比较

保密电话常用的声码器以 CELP 和 MELP 声码器为主。CELP 因具有良好的抗噪性能、优良的合成语音质量和多次转接性能,在低编码速率语音编码上得到广泛应用。MELP 声码器在传统的二元激励线性预测模型的基础上作了改进,并采用许多新的措施,使得在 2.4Kbit/s 速率上能够得到更高质量的合成语音。将 4.8Kbit/s CELP 声码器,2.4Kbit/s MELP 声码器和本书提出的算法进行比较,对后 10 个语音样本分别进行三种算法下的编解码,其性能如表 2.4 所示。

表 2.4　合成语音的 PESQ 值比较

算法	编码速率/(Kbit/s)	PESQ	计算复杂度	帧长/ms
FS-1016 CELP	4.8	3.114	16	30
NSA MELP	2.4	3.307	40	22.5
本书算法	4	3.164	25	32

在语音合成质量方面,三种算法的平均 PESQ 得分相当。在编码速率方面,基于压缩感知的语音编码速率可以达到 4Kbit/s,低于 CELP 声码器的编码速率,但高于 MELP 声码器的编码速率。

在计算复杂度方面,本书算法的性能介于两种传统声码器。由于语音信号相邻帧之间的相关性很大,可以在 GPSR 重构时,以前一帧信号的重构信息作为当前帧重构时的初值,从而减少恢复算法的计算量,加快信号恢复的过程,降低算法的计算复杂度。

基于压缩感知的低比特率语音编码算法,利用伽马通滤波器组对语音信号进行滤波后,通过 DCT 变换可以得到稀疏化的频率系数,使用压缩感知对稀疏系统进行观测。在解码端,利用 GPSR 算法对语音信号进行重构。主观和客观评价结果表明,合成语音质量的 PESQ 得分为 3.16,信噪比为 9.35,表现出良好的合成语音质量。与编码速率为 4.8Kbit/s 的 FS-1016 标准 CELP 编码算法相比,在降低编码速率(4Kbit/s)的同时,提高了合成语音的感知质量。算法可满足语音编码系统的性能要求,也为低速率语音编码探索了新的方法和途径。

2.2　基于双一维混沌互扰系统和 m 序列的图像加密算法

2.2.1　一维 Logistic 混沌序列的优缺点分析

数字图像作为互联网的重要数据形式之一,需要可靠的加密技术对其安全进行保护。一维 Logistic 混沌动力系统是一类确定性的、非周期的、类似随机的、具有收敛性的随机变化过程,非常适用于图像加密[74]。然而,由于混沌系统的发生器通常采用有限精度器件实现,使得生成的混沌序列最终都退化成周期序列,且其周期一般较小。针对此问题,赵莉等[75]提出采用双一维混沌序列来解决,通过比较两个序列对应位置的实数大小进行(0,1)离散化。该方法虽然在一定程度上提高了序列的周期和安全性,但过于简单,易被攻破。胡学刚等[76]提出一种基于一维 Logistic 映射和三维 Lorenz 系统复合的图像加密算法,但是该方法因为采用混沌系统,算法较复杂,降低了效率。本书提出一种基于双一维 Logistic 混沌互扰系统和 m 序列的图像加密算法,采用双一维 Logistic 混沌系统,对其增加随机扰动项,产生两个不同的混沌序列,然后再用两个序列对应位置上的值的平均值与两个序列的均值进行比较来对序列进行非线性的(0,1)离散化,并在此基础上用 m 序列对得到的二值序列进行异或,进一步增加序列的周期,提高其安全性。

2.2.2 基于双一维 Logistic 混沌序列的秘密数据加密算法

从两个简单的一维混沌系统出发,设计一个双混沌系统互扰方案,计算表达式为

$$\begin{cases} x_{n+1} = [\lambda x_n(1-x_n) + r_n]/2 \\ x_1 = x_0 \end{cases} \tag{2.11}$$

$$\begin{cases} y_{n+1} = [\lambda y_n(1-y_n) + r_n]/2 \\ y_1 = y_0 \end{cases} \tag{2.12}$$

其中,r_n 为随机扰动项

$$r_{xn} = \begin{cases} y_n \cdot 10^{-3}, & x_n < y_n \\ 0, & x_n \geqslant y_n \end{cases} \tag{2.13}$$

$$r_{yn} = \begin{cases} x_n \cdot 10^{-3}, & y_n < x_n \\ 0, & y_n \geqslant x_n \end{cases} \tag{2.14}$$

设定 $x_0 = 0.73599, \lambda = 4, y_0 = 0.33579, n = 100$,采用上述双混沌互扰方案产生两个实数混沌序列,如图 2.5 和图 2.6 所示。

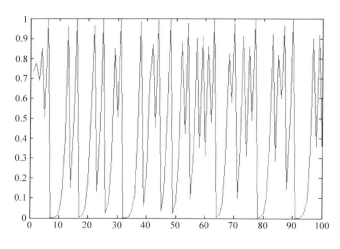

图 2.5 改进后的 x_0 序列图

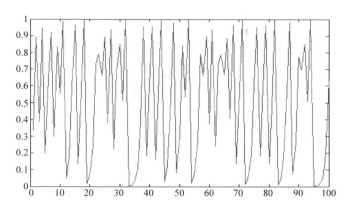

图 2.6 改进后的 y_0 序列图

如果任何一个系统的初始值发生微小变化,都将导致两个实数序列产生很大的变化,如图 2.7 所示。

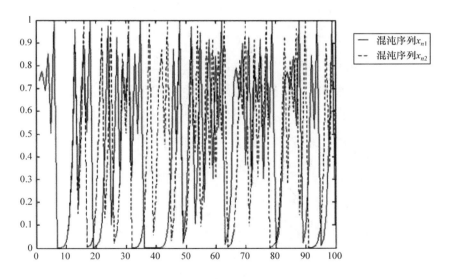

图 2.7 初值发生微小变换的序列对比图

在图 2.7 中,虚线表示初始条件为 $x_0 = 0.73599$,$y_0 = 0.33579$,$\lambda = 4$ 时所得的混沌序列 x_{n1},实线表示初始条件为 $x_0 = 0.73598$,$y_0 = 0.73579$,$\lambda = 4$ 时所得的混沌序列 x_{n2}。由图 2.7 可知,虽然初始值只发生了 0.00001 的微小改变,但得到的混沌序列迭代 20 次后就发生了很大的改变。

计算两个混沌序列的均值 M_x 和 M_y,再取二者的均值 M 作为混沌序列 $\{0,1\}$ 离散化的阈值。然后,将得到的两个实值混沌序列对应位相加再取均值,然后和序列均值 M 进行比较,得到二值序列,即

$$B(p)=\begin{cases} 0, & (X_p+Y_p)/2<M \\ 1, & (X_p+Y_p)/2\geqslant M \end{cases} \tag{2.15}$$

其中,$p\in(1,n)$。

对上述得到的混沌二值序列采用 m 序列再次扰动,以增加其周期长度。m 伪随机序列是最长线性反馈移位寄存器序列的简称[77],有两个特点。

① 具有预先不确定性,并且是不可重复出现的。

② 具有独特的统计特性:序列中两种不同元素(0,1)出现次数大致相同;序列中长度为 k 的元素游程数量是长度为 $k+1$ 的元素游程数量的整 2 倍;序列具有类似白噪声的自相关函数,即自相关函数具有单位冲激函数的形式;序列中的子序列具有位移相加特性。

根据二值混沌序列的长度,选择合适的 r 次本原多项式,即可得到相应长度的 m 序列。将 m 序列与上述二值混沌序列进行异或,则所得的序列伪随机性良好,且周期为两序列周期之积[78],这就增加了序列的周期性,提高了算法的安全性。

2.2.3　实验验证

本书选择一个长度为 n 的随机二值序列和一幅二值图像进行实验。图 2.8(a)为长度 100 的随机序列转换成的二值序列,图 2.9(a)为原始待加密二值图像,图 2.8(b)和图 2.9(b)为加密后的对比图像。

从实验结果可以看出,改进加密算法加密效果较好,且因为混沌序列对初值非常敏感,如果没有正确的密钥,就不能正确解密加密后的图像。

図 2.8　二值序列加密实验结果对比

(a) 原始二值图像　　　　　　　　　　(b) 加密后的二值图像

图 2.9　二值图像加密实验结果对比

2.2.4　算法分析

本书采用频数检验将$(0,1)$序列划分为长度 $k=8$ 时对应的十进制数的分布情况的方法[77]对其安全性进行检验。

① 频数检验。通过计算 X^2 的值来分析衡量离散化后的序列中 0 和 1 的分布情况,即

$$X^2 = \frac{(n_0 - n_1)^2}{n} \tag{2.16}$$

其中,n_0 为二值序列中"0"出现的次数;n_1 为"1"出现的次数。

与自由度为 1 的 X^2 分布比较,对应 5% 的显著水平,X_1^2 的值为 3.84,只要得到的值不大于 3.84,则认为序列具有较好的随机性。表 2.5 给出了初值为 0.73599 和 0.33579,$\lambda=4$ 时得到的序列离散化后的频数检验。

表 2.5　改进混沌序列离散化后的频数检验

迭代次数 n	100	300	500	1000
X_1^2	0.45	0.13	0.01	0.00

由频数检验表可以看出,用改进的方法得到的二进制序列 0 和 1 的个数随着迭代次数的增加而趋于相等,说明该方法可行。

② 将 $(0,1)$ 划分为长度 $k=8$ 时对应的十进制数的分布情况。在实际应用中,某些图像加密情况下需要将生成的 $\{0,1\}$ 离散序列进行划分,一般的划分长度为 $k=8$,即每 k 个元素为一组。同样,利用初值为 0.73599 和 0.33579,$\lambda=4$ 的初始条件生成的序列来进行检验,图 2.10 给出了 $n=512$ 的 $(0,1)$ 序列转换成整数序列的取值分布情况。

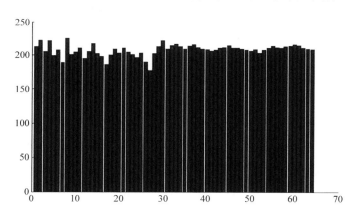

图 2.10　迭代 512 次后得到的序列转化为十进制数的分布图

由图 2.10 可以看出,改进方法产生的二值序列转化为十进制数后的分布较为均匀,用其作为加密序列,安全性更高。

从算法效率分析,双一维混沌互扰序列的产生在步骤上仅比单一维混沌序列多了一个比较,因此其运算速度并没有受太大影响。而基于密码学的美国数据标准(data encryption standard,DES)和 RSA 公钥加密算法,以及基于 hash 函数的消息摘要算法第 5 版(message digest algorithm 5,MD5)加密算法,其运算都较为复杂,算法效率都不及基于混沌序列的加密算法。同时,用来对混沌序列进一步扰动的 m 序列的产生只依赖线性移位寄存器,算法复杂度低,软件实现也较为简单。由此可知,基于改进的双一维混沌互扰序列和 m 序列的加密算法有较低的运算复杂度和较高的效率。

从周期分析,采用双一维混沌序列互扰得到的混沌二值序列,其周期是二者之积,这一改进可以弥补混沌序列因为发生器的有限精度而导致的周期太短问题,且通过 m 序列进行二次扰动后,整个序列的周期达到了三者之积,其周期进一步增加。提高混沌序列的周期,则增加了破译者的难度,但加强了算法的安全性。

2.3　分析结论

秘密数据预处理是隐蔽通信和信息隐藏的必要环节,对于数据量较大的秘密数据,往往要进行压缩或编码处理。本书以音频数据为例,提出基于离散余弦变换和压缩感知的低速率编码方法,用于降低音频秘密数据的单位时间容量;对于安全性要求较高的秘密数据往往还要进行加密处理,本书以图像数据为例,提出基于双一维混沌互扰系统和 m 序列的加密方法,增强秘密数据在音频信息隐藏系统传输过程中的安全性。

第3章 小波域音频信息隐藏技术

作为信号分析界的"数学显微镜",小波分析理论经过 30 多年的发展,已经渗透到语音分析、信号处理、图像处理、信息隐藏等专业和领域。MATLAB[79]中小波工具箱的发布,降低了小波分析理论的使用门槛,用户只须选择合适的函数和命令,就能完成对信号的小波分析。因此,基于小波变换的数字音频信息隐藏算法也层出不穷,但是传统的基于小波变换的音频信息隐藏算法存在秘密数据嵌入容量低、计算复杂度高等不足,给音频信息隐藏在隐蔽通信中的实际应用带来不确定性。本章首先提出一种大容量的小波域音频信息隐藏算法,然后对基于提升小波和 DCT 变换的音频信息隐藏算法进行研究,主要包括以下方法和内容。

① 分析人类听觉系统的重要特性——听觉掩蔽效应,为提高算法不可感知性做基础理论准备。在人类听觉系统不太敏感的小波分解后的高频子带嵌入秘密数据,可以保证携密音频具有很好的不可感知度。通过对样本均值的修改,可以增加系统的嵌入容量。

② 对新一代小波分析方法——提升小波方案在音频信息隐藏中的应用进行研究,提出基于提升小波变换和 DCT 变换的音频信息隐藏算法。为了取得不可感知性和嵌入容量之间的平衡,必须设计嵌入参数的自适应闭环调节方法。算法的完善还包括秘密数据的嵌入方法、同步码的设计和秘密信息加密预处理等技术的应用。

③ 在对秘密数据进行加密操作时,必须考虑加密方法选择问题,操作简便,计算复杂度低的加密算法是要研究和分析的内容。因此,可以通过设定实验数据,对比 m 序列和混沌序列的安全性能。

3.1 基于小波高频子带的大容量鲁棒音频信息隐藏算法

秘密数据嵌入容量、携密音频透明性和鲁棒性是设计隐藏算法必须考虑的基本性能指标。然而,这三个基本性能指标有时是相互矛盾的,在具体的应用环境下,只能对其中的一些性能指标进行取舍。为了提高秘密数据嵌入容量和提高携密音频的透明性,可以结合人类听觉系统的特性和基于样本点平均值的嵌入方法,在载体音频信号小波分解后的高频子带中对均值进行修改,以嵌入秘密数据。同时,可以设计嵌入强度自适应调整的算法,根据音频载体类型不同调整嵌入强度,取得携密音频的最佳不可感知性能。

3.1.1 人类听觉系统特性

人类听觉系统有两个重要特性[29],一个是耳蜗基底膜对声信号的时频分析特性,另一个是人耳的听觉掩蔽效应。

① 听觉系统的时频分析特性。当声音信号经外耳传入中耳时,中耳腔内镫骨的振动引起耳蜗内流体压强的变化,从而使行波(traveling wave)沿基底膜进行传播,不同频率的声音信号在耳蜗内会产生不同的行波。基底膜构造上的差异使其基部和顶部具有不同的电谐振特性和机械谐振特性,从而对输入的行波产生不同的响应。当声音信号频率较低时,基底膜顶部附近会出现行波幅度峰值;相反,当声音信号频率较高时,基底膜的基部附近会出现行波的幅度峰值。当输入的声音信号是一个多频率成分信号时,行波幅度峰值会出现在基底膜的多个不同位置。因此,可以将人类生理学上的耳蜗抽象化为一个多频率频谱分析仪,能将成分复杂的声音信号解析为各种频率分量。

曲型的人耳听觉绝对阈值曲线如图 3.1 所示[60]。可以看出,并非所有声音都能被人类听觉系统感知,这取决于声音信号的频率范围和强度大小。标准的听力可以感觉到 20Hz～20kHz、强度为 −5～130dB 的声音信号。这个范围以外的声音信号不能被人类听觉感知,因此在语音信号处理时,为节省处理成本,就可以将听觉阈值以外的频率成分忽略。

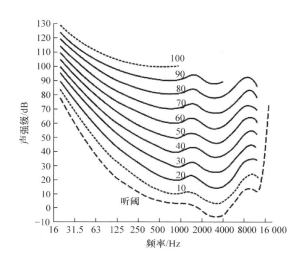

图 3.1　人类听觉系统典型绝对阈值曲线

② 心理声学听觉掩蔽效应。在一个强信号附近,弱信号会被掩蔽,变得不可感知的现象称为掩蔽效应。掩蔽阈值(masking threshold),也称掩蔽门限,指的是被掩蔽的不可听信号的最大声压级,在这个掩蔽阈值以下的声音都将被掩蔽掉。图 3.2 是一个具体的掩蔽现象的听觉阈值曲线[60]。图 3.2 中虚线表示最小可听阈值曲线,即在安静环境下,人类听觉系统对各种频率成分的声音信号可以听到的最低声压。可以看出,相对 1kHz 附近的中等频率声音信号,人类听觉系统对低频率和高频率成分的声音信号并不敏感。从曲线可以看出,由于 260Hz 频率成分掩蔽声(masker)的存在,使得听觉阈值曲线发生了变化。原本可以感知的 2 个被掩蔽声,变得听不到了。也就是说,由于掩蔽声的存在,在其附近产生了听觉掩蔽效应,对于低于掩蔽曲线的声音信号,即使其阈值高于标准听觉阈值,也将变得不可感知。

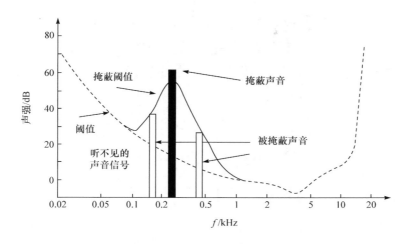

图 3.2　典型的频域掩蔽效应曲线

掩蔽效应可分为短时掩蔽和同时掩蔽。

同时掩蔽也称频域掩蔽,是指当同时存在两个频率接近的弱信号和强信号时,强信号会使弱信号的听觉阈值升高。当弱信号的听觉阈值提升到一定程度时,就会导致其被掩蔽掉。例如,系统中同时存在频率相近的 A 声和 B 声,若 A 声原来的安静听觉阈值为 50dB,由于另一个频率不同的大强度 B 声的存在,会使 A 声的听觉阈值升高到 68dB。升高的增量称为掩蔽量。同时掩蔽效应对语音信号处理系统的启示是:当系统中只有 A 声时,需要把声压级在 50dB 以上的声音信号都传送出去,对于 50dB 以下的声音可以不处理。但当系统中同时出现频率接近的 B 声时,由于 B 声的同时掩蔽效应,使系统的声压级在 68dB 以下的成分被掩蔽掉了,系统只需要处理 68dB 以上的声音成分即可。对于同时掩蔽,掩蔽声的声压级越强,掩蔽效果越显著;掩蔽声与被掩蔽声的频率越接近,掩蔽效应越大。当两者的频率相同时,掩蔽效果达到最大。

短时掩蔽也称时域掩蔽,指掩蔽声和被掩蔽声不在同一时刻出现时两者之间的掩蔽效应。图 3.3 是时域掩蔽效应曲线图[60]。短时掩蔽又分为前向掩蔽和后向掩蔽。前向掩蔽时,被掩蔽声 A 出现后,在随后的 0.05～0.2s 出现掩蔽声 B，那么 B 也会对 A 起到掩蔽作用，这是由于 A 声尚未被听觉系统感知，而强大的 B 声已来临所致。而后向掩蔽效应是指在掩蔽声 B 消失后，其掩蔽作用仍将持续一段时间（0.5～2s），这个时间段出现的被掩蔽声 A 是无法感知的，这是由于人耳的存储效应所致。

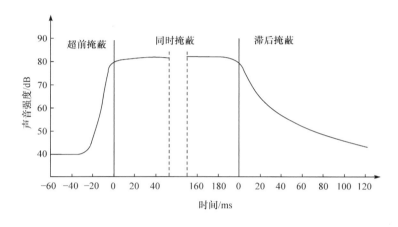

图 3.3　时域掩蔽效应曲线

3.1.2　基于小波高频子带的大容量音频信息隐藏算法设计

变换域信息隐藏是在载体信号的变换域系数中嵌入秘密数据，常见的变换域有离散傅里叶变换、快速傅里叶变换（fast Fourier transform，FFT）、改进离散余弦变换（modified discrete cosine transform，MDCT）、小波变换等。例如，Xiang 等[80]利用系数的绝对平均值设计了一个可在 20s 音频中嵌入 40bit 秘密信息的算法，该方案对常见的攻击具有鲁棒性。Fallahpour 等[81]利用 FFT 变换的平移不变性设计的音频信息隐藏方案，可以抵抗时域内较小的失真攻击。文献[82]～[85]表明变换域隐藏方法对攻击的鲁棒性要好于时域隐藏方法。事实上，基于变换域的方法以增加计算复杂度的代价换取了较好的感知质量和较强的鲁棒性。

基于人类听觉系统对高频分量的改变不太敏感这一事实,本章研究在音频小波分解的高频分量中嵌入秘密数据。其主要思想是将二级小波分解的高频带系数(coefficients of detailed division,cDD)分成小的帧,并根据每帧的绝对平均值作为参考值来改变一部分采样点的值。由于参考值在嵌入端和提取端变化不大,可以在提取端对秘密数据进行盲提取。采用在带参数的区间 $[-k,k]$ 嵌入秘密信息,其中 k 是嵌入间隔值,调整 k 可以调整秘密数据嵌入的容量从而达到调节系统鲁棒性和容量之间矛盾的目的。

从图 3.1 人耳听觉绝对阈值曲线可以看出,人类往往对 $1\sim4\text{kHz}$ 的频率更敏感,对该范围外的听觉响应阈值迅速增加,即人耳在高频率段的灵敏度比在中低频率段的灵敏度低。因此,通过在高频带中嵌入秘密数据,可以使嵌入数据产生的失真难以被人耳感知,从而得到更好的透明性。

(1)嵌入过程

下面对嵌入步骤进行说明。

步骤 1,对原始音频信号进行二级小波变换。

步骤 2,按照给定的长度将 cDD 划分为均等的帧,根据式(3.1)计算每一帧系数的绝对平均值 m_i,即

$$m_i = \frac{1}{s}\sum_{j=(i-1)s+1}^{is}|c_j| \tag{3.1}$$

其中,c_j 是小波分解后的高频细节系数;s 是给定的帧长度;m_i 是第 i 帧的平均值。

步骤 3,依据秘密数据的比特位数据对当前高频细节系数进行更改,可以得到携密音频的高频系数,即

$$c'_j = \begin{cases} m_i & |c_j/m_i|<k\text{ 且 }w_l=1 \\ -m_i, & |c_j/m_i|<k\text{ 且 }w_l=0 \\ c_j, & |c_j/m_i|\geqslant k \end{cases} \tag{3.2}$$

其中,$i=\lfloor j/s \rfloor+1$;w_l 是秘密数据的第 l 位;k 是嵌入间隔($k>2$);$\lfloor \cdot \rfloor$ 表示向下取整。

如果 c_j 在 $[-km_i,km_i]$,根据不同的秘密比特,将其更改为 $-m_i$ 或 $+m_i$。嵌入后,秘密数据位下标递增,使用同样的方法将全部秘密数据嵌入。

步骤 4,依据修改后的小波系数,进行小波逆变换可以得到携密音频信号。

秘密数据嵌入 $[-km_i,km_i]$ 的范围由 m_i 和嵌入间隔 k 来确定。增加间隔 k,会扩展嵌入区间,使嵌入容量和失真变大。为了兼顾鲁棒性和透明性,用一个比例因子 α($0.5<\alpha<1$)来调整秘密数据嵌入的强度,即在式(3.2)中,用 αm_i 代替 m_i。

图 3.4 是嵌入过程中参数调节的流程。Cap 表示嵌入容量,N_K 是嵌入间隔内系数的数量,$\mathrm{ODG_{min}}$ 表示最小失真阈值,$\mathrm{BER_{max}}$ 是最大误码率阈值,REP 为循环迭代次数。调整前,首先依据容量确定一个合适的嵌入区间 k 来计算嵌入区间的大小,如果没有足够多的样品,即可通过增加 k 来解决。调整比例因子 α 和帧大小 s,可以改善 ODG 和 BER。如前所述,增加 α 和 s,系统的鲁棒性增强,但音频失真增大。考虑隐藏系统性能(容量、鲁棒性和透明性)之间的权衡,在某些情况下就必须改变系统要求的性能指标。

(2)提取过程

在接收端,首先计算携密音频信号小波分解的高频系数 c_j',再利用式(3.3)计算一帧系数的绝对平均值 m_i'。接着利用式(3.4)在定义的一个区间内提取秘密比特,即

$$m_i'=\frac{1}{s}\sum_{j=(i-1)s+1}^{is}|c_j'| \tag{3.3}$$

$$w_l'=\begin{cases}1, & 0\leqslant c_j'/m_i'\leqslant((k+\alpha)/2) \\ 0, & -((k+\alpha)/2)\leqslant c_j'/m_i'<0\end{cases} \tag{3.4}$$

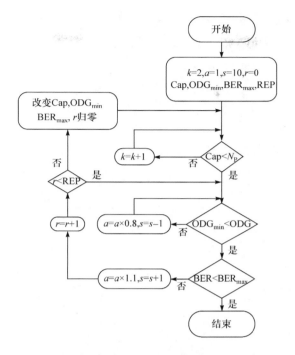

图 3.4　秘密数据嵌入系统参数调整流程

其中，c_j' 是携密音频信号二级小波分解的高频细节系数；α 是秘密数据嵌入强度；w_l' 是提取的秘密数据流的第 l 位。

例如，如果 $k=2$，$\alpha=1$ 且 c_j' 在 $[0,1.5m_i']$，则该帧嵌入的秘密比特是 1；c_j' 在 $[-1.5m_i',0)$，则该帧嵌入的秘密数据比特是 0。

由于编码端将秘密数据嵌入的系数区间 $[-km_i,km_i]$ 更改为 $-\alpha m_i$ 或 αm_i，因此在接收端，该系数的绝对值的平均值应同样更改为 αm_i。如果携密音频信号受到攻击，绝对平均值 m_i' 会发生微小的变动，但是实验发现这种变化并不影响提取过程，因为用于提取的时间间隔不是一个常数。例如，经过 MP3-128 压缩攻击，m_i' 的变化大约是 5%，这是可以接受的。

（3）同步码设计

在实际应用中，原始音频信号会划分为长度为几秒的音频块，因此接收端必须正确定位每个块的开始位置。解决这个问题最实用的方案是使用同步码,本书使用与文献[83]相同的方法产生自同步信号。对每段音频的前 80 位采样点进行 0.125 倍的量化后嵌入一个 16 位的同步码"1011001111000010",并将同步码和秘密数据比特共同嵌入原始载体音频。

为了增强系统的安全性,用伪随机数生成器(pseudo random noise generator,PRNG)对秘密数据比特流进行加密,使攻击者更难提取秘密信息。例如,嵌入的比特流可由真正的秘密数据比特流和伪随机比特流异或(XOR)产生。产生随机数的种子可以作为嵌入端和接收端的共同密钥。

3.1.3 实验结果

选择五段采样率为 44.1kHz,位深为 16bit 的类型不同的单声道音频文件(WAV 格式)作为实验样本。实验平台参数为 Pentium Dual 2.0GHz CPU,2GB RAM,Windows 7 操作系统,实验在 MATIAB R2009a 上进行。

二级离散小波分解时,选择"DB8"小波进行。透明性的评估参数为 SNR 和 ODG。SNR 用于与其他方案进行比较,ODG 是对音频失真更恰当的评测方法,建立在以一组听众提供主观差异等级(subjective difference grade,SDG)的方式获得的失真评价结果的精确模型基础上。ODG 的测量使用符合 ITU-R BS.1387 标准[86]的软件 Opera[87]进行,其结果范围为[-4,0],值越小失真越大。ODG=-4 时意味着失真无法接受,ODG=0 时意味着没有失真。

① 透明性测试。图 3.5 给出了原始音频信号、携密音频信号,以及两者之差的频谱。为了便于观察,对原始音频信号和携密音频信号差别的幅值放大了 10 倍。可以发现,有差别的区域多集中在 10kHz 附近,与较低频率范围(如 200~5000Hz)的更改相比,人的听觉响应对高

频区域的更改不太敏感。需要说明的是,图 3.5 中的曲线并不能说明引入的失真不能被人耳感知,因为尽管人类的听觉阈值大约为 20dB,但失真能不能被听觉系统感知,还取决于音频信号的最终功率,采样设备类型、音量大小和均衡器都可能改变音频功率的大小。

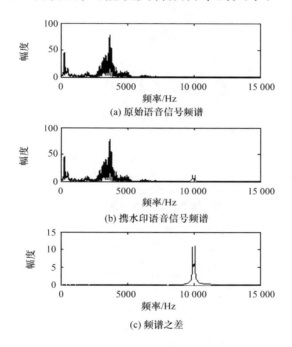

(a) 原始语音信号频谱

(b) 携水印语音信号频谱

(c) 频谱之差

图 3.5　原始音频与携密音频对比

② 鲁棒性测试。针对低通滤波攻击,表面上看,本方案似乎对低通滤波攻击十分脆弱。然而,如图 3.6 所示的实验结果却表明,该方法能够抵抗此类攻击。图 3.6(a)是原始音频信号的高频系数,图 3.6(b)和图 3.6(c)是经截止频率为 5kHz 和 2kHz 的 RC 低通滤波攻击后音频信号的高频系数。可以看出,低通滤波攻击仅缩小了系数的幅度,并不能完全移除高频系数。因为本方案使用的是高频系数与其帧平均值之间的比值,如果对高频系数进行缩放,那么其平均值同时缩放,样本值和帧平均值的比值改变并不大。要移除携密音频中的秘密数据,就必须使用具有更低截止频率的低通滤波器,然而这会导致携密音频的听

觉感知质量严重下降。

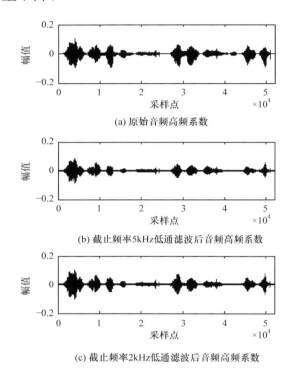

(a) 原始音频高频系数

(b) 截止频率5kHz低通滤波后音频高频系数

(c) 截止频率2kHz低通滤波后音频高频系数

图 3.6　携密音频抵抗滤波攻击实验结果

　　针对 MP3 压缩对小波分解后高频系数的影响,用音频"砺剑之歌"的片断作为样品,对其进行 MP3 压缩攻击。图 3.7(a)是 15 秒音频经过小波分解后的高频系数。图 3.7(b)是同段音频经 MP3-128 编码/解码后的样品的高频系数。图 3.7(c)是前两者之差,可以看出其差别较小并不影响提取过程。

　　③ 对比性测试。以如图 3.8(a)所示的二进制图像作为原始秘密数据,用随机数对其加密后的图形如图 3.8(b)所示,将加密后的比特流作为秘密数据,嵌入参数 $k=6, \alpha=2, s=10$。表 3.1 是 5 个不同类型的音频在各种攻击情况下,提取误码率接近零时的透明性和嵌入容量。

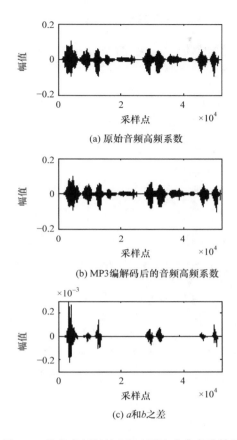

(a) 原始音频高频系数

(b) MP3编解码后的音频高频系数

(c) a和b之差

图3.7　携密音频抵抗 MP3 压缩攻击实验结果

(a)　　　　　　　　　　　(b)

图 3.8　秘密数据加密前后对比图

表 3.1　不同类型音频文件的实验结果

音频名称	时长/s	信噪比/dB	ODG	容量/(bit/s)
砺剑之歌	112	30～33.1	−0.4～−0.8	11 003
古筝	117	26.8～31.2	−0.6～−0.9	11 001
男声	111	29～32.2	−0.7～−0.9	11 005
女声	237	31.4～35.1	−0.2～−0.8	11 002
摇滚	153	26.2～30.3	−0.6～−0.8	10 999
平均值	146	30	−0.7	11 002

可以看出，透明性 ODG 介于 0 和 −1，SNR = 30dB，容量约为 11Kbit/s，算法在确保大嵌入容量的同时具有较好的透明性。

以音频信号"砺剑之歌"为宿主信号，使用专业的音频信息隐藏算法性能测试平台 StirMark Benchmark for Audio[49] 对算法进行鲁棒性测试，结果如表 3.2 所示。

表 3.2　常见攻击下方案的鲁棒性

攻击类型	攻击参数	ODG	BER/%	提取的秘密数据
无攻击	—	0	0	
Quantization	16～12	−0.6～−0.2	5～9	
AddDynNoise	1～2	−2.1～−2.5	2～7	
AddFFTNoise	2048,400	−0.3～−0.1	0～2	
AddNoise	1～20	−0.8～−0.4	0～6	
Amplify	20～200	−0.2～−0.0	0～1	

续表

攻击类型	攻击参数	ODG	BER/%	提取的秘密数据
BassBoost	1～50,1～50	−3.8～−3.3	6～14	
Echo	1～5	−3～−1.3	1～28	
FFT_Invert	1024	−3.8～−3.1	0	
Invert	—	−3.6～−2.8	0	
Resampling	44/22/44	−2.1～−1.8	7～11	
LSBZero	—	−0.2～0.0	0	
MP3	≥128	−0.4～0.0	0～2	
Pitchscale	1.1	−3.7～−3.1	31～51	
RC-HighPass	1～14k	−3.7～−3.1	0～5	
RC-LowPass	2k～22k	−3.8～−0.4	0～8	
Smooth	—	−3.6～−3.3	14～22	
TimeStretch	1.05	−3.8～−3.2	34～61	

注:"—"表示该类型攻击不需要参数

当系统提取误码率＞15％时,可认为攻击删除了秘密数据。在表 3.2 中,只有少数攻击,如 Pitchscale 和 TimeStretch 攻击删除了秘密数据。然而,这些攻击下携密音频的透明性极差(ODG 约－3.5),宿主信号本身被严重破坏。

表 3.3 是本书算法与其他隐藏算法性能对比。文献[82],[83],[88]的算法可以抵抗大多数常见的信号处理攻击。与本书算法相比,其他算法携密音频的信噪比都在 30dB 以上,透明性较好,但其嵌入容量相对较低,每秒只有几百比特(文献[81]的算法达到约 3Kbit/s)。

表 3.3　不同隐藏算法的透明性和嵌入容量

算法	SNR/dB	ODG	容量/(bit/s)
文献[81]	30.5	－0.6	2996
文献[82]	30	—	172
文献[83]	25～40	—	172
文献[88]	25	—	176
本书算法	30	－0.7	11 002

注:"—"表示实验中没有结果

实验结果表明,算法具有较高的嵌入容量(约 11Kbit/s),没有显著的感知失真(ODG 范围为[－1,0],SNR 大约 30dB),并可以有效抵抗常见的信号处理攻击,如加性噪声、回声、滤波和 MP3 压缩。与常见的音频信息隐藏算法实验比较结果也表明,算法的透明性和鲁棒性在可接受范围内,且其嵌入容量高于其他算法。

3.2　基于提升小波与 DCT 的音频信息隐藏算法

在音频信息中,隐藏的秘密数据越大,对携密音频的听觉质量影响就越大。为了减小秘密数据嵌入对音频质量的影响,有必要利用人类听觉系统的特性,将秘密数据隐藏在人类听觉系统难以感知的成分中。

相对人类视觉系统,人类听觉系统更为敏感,因此设计一种大容量且不可感知性良好的音频信息隐藏算法成为挑战性问题。

为了解决上述问题,我们设计了一种基于提升小波变换(lift wavelet transform,LWT)和 DCT 变换后子带系数的鲁棒音频信息隐藏算法。原始音频先由 LWT 变换进行分解,再对低频系数进行 DCT 变换。根据人类听觉系统的特性,将秘密数据嵌入恒定的 DCT 变换后的直流分量中。由于 LWT 比 DWT 快,并且用增量嵌入的方法嵌入秘密数据,因此该算法在计算复杂度上具有优势。

3.2.1　提升小波变换及其计算复杂度分析

在传统的小波变换中,正向变换使用两个分析滤波器,即低通滤波器 $\tilde{h}$ 和高通滤波器 $\tilde{g}$,逆变换使用两个合成滤波器,低通滤波器 h 和高通滤波器 g。逆变换完全重构原始信号的条件为

$$h(z)\tilde{h}(z^{-1})+g(z)\tilde{h}(z^{-1})=2 \tag{3.5}$$

$$h(z)\tilde{h}(-z^{-1})+g(z)\tilde{h}(-z^{-1})=0 \tag{3.6}$$

其中,$h(z)$ 和 $g(z)$ 是有限冲激响应(finite impulse response,FIR)滤波器的 z 变换。

对小波变换的提升主要包括分裂、预测和更新[89]三个步骤。首先,利用懒小波将原始信号分裂成奇采样和偶采样。利用滤波器 $h(z)$ 和 $g(z)$,通过预测得到高通滤波器 g^{new},即

$$g^{\text{new}}=g(z)+h(z)s(z^2) \tag{3.7}$$

然后,通过更新获得新的低通滤波器 h^{new},即

$$h^{\text{new}}=h(z)+g(z)t(z^2) \tag{3.8}$$

其中,$s(z^2)$ 和 $t(z^2)$ 是洛朗多项式。

式(3.7)和式(3.8)的另一种描述方式为

$$P^{\text{new}}(z)=P(z)\begin{bmatrix}1 & s(z)\\0 & 1\end{bmatrix},\quad P^{\text{new}}(z)=P(z)\begin{bmatrix}1 & 0\\t(z) & 1\end{bmatrix} \tag{3.9}$$

根据欧几里得算法,对于洛朗多项式,给定一对互补滤波器对,必然存在洛朗多项式系数 $s_i(z)$ 和 $t_i(z)$,$1 \leqslant i \leqslant m$,以及非零常数 K,使得下式成立,即

$$P(z) = \prod_{i=1}^{m} \begin{bmatrix} 1 & s_i(z) \\ 0 & 1 \end{bmatrix} \begin{bmatrix} 1 & 0 \\ t_i(z) & 1 \end{bmatrix} \begin{bmatrix} K & 0 \\ 0 & 1/K \end{bmatrix} \tag{3.10}$$

由以上分析可以看出,通过懒小波变换,预测、更新和调整可以得到一个给定的小波变换的提升方案。显然,相对标准小波变换,提升变换时间复杂度有所降低。另一方面,由于提升小波变换不需要辅助的存储器,因此便于运用到实际中。

本章设计的算法对四阶正交滤波器"DB2"进行提升变换。h 和 g 滤波器为

$$h(z) = h_0 + h_1 z^{-1} + h_2 z^{-2} + h_3 z^{-3} \tag{3.11}$$

$$g(z) = -h_3 z^2 + h_2 z - h_1 + h_0 z^{-1} \tag{3.12}$$

其中,$h_0 = \dfrac{1+\sqrt{3}}{4\sqrt{2}}$;$h_1 = \dfrac{3+\sqrt{3}}{4\sqrt{2}}$;$h_2 = \dfrac{3-\sqrt{3}}{4\sqrt{2}}$;$h_3 = \dfrac{1-\sqrt{3}}{4\sqrt{2}}$。

改写为多相矩阵形式为

$$P(z) = \widetilde{P}(z) = \begin{bmatrix} h_0 + h_2 z^{-1} & -h_3 z - h_1 \\ h_1 + h_3 z^{-1} & h_2 z + h_0 \end{bmatrix} \tag{3.13}$$

根据欧几里得定理,对上式进行因式分解得到的多项式为

$$P(z) = \begin{bmatrix} 1 & -\sqrt{3} \\ 0 & 1 \end{bmatrix} \cdot \begin{bmatrix} 1 & 0 \\ \dfrac{\sqrt{3}}{4} + \dfrac{\sqrt{3}-2}{4} z^{-1} & 1 \end{bmatrix} \cdot \begin{bmatrix} 1 & z \\ 0 & 1 \end{bmatrix} \cdot \begin{bmatrix} \dfrac{\sqrt{3}+1}{\sqrt{2}} & 0 \\ 0 & \dfrac{\sqrt{3}-1}{\sqrt{2}} \end{bmatrix}$$

$$\tag{3.14}$$

3.2.2 基于 LWT 和 DCT 的音频信息隐藏算法设计

1. 秘密数据预处理

混沌映射具有编码容易、重构精确、对初始参数敏感的特性,可以利用混沌序列对秘密数据进行调制加密。产生混沌序列的参数作为信息隐藏系统的密钥,由秘密数据发送器和接收器共享。

对于一个 Logistic 混沌映射,即

$$x_{i+1}=3.99x_i(1-x_i) \tag{3.15}$$

设定其初始值 $x_0=0.02$,则可得到一系列介于 0 和 1 的实数。以 0.5 作为阈值,则实数序列可以分为两个空间,然后将这两个空间映射为二进制空间,即

$$V_i=\begin{cases}1, & x_i\geqslant0.5 \\ 0, & x_i<0.5\end{cases} \tag{3.16}$$

然后,将秘密数据和该序列进行异或运算,形成加密的秘密数据,即

$$w_k=s_k\oplus v_k \tag{3.17}$$

这样的加密操作不仅可以增加破解秘密数据的难度,而且可以消除原来秘密数据之间的相关性。

2. 同步码设计

可以使用同步码正确定位秘密数据嵌入的位置抵抗剪切和抖动攻击[84]。为了折中算法的不可感知性和鲁棒性,可以将同步码和秘密数据一起嵌入音频采样点的统计平均值中。m 序列生成速度快,位数大时重复度低,因此将 m 序列与加密后的秘密数据合成后嵌入音频载体。提取时,通过识别同步码判断秘密数据插入的位置。

3. 嵌入过程

步骤 1,对原始音频信号等样本长度分帧。每段音频帧的长度设为 L,考虑到鲁棒性和透明性的平衡,设定较大的 L。如果原始音频长度为 N,则可以将原始音频分帧得到 $\lfloor N/L \rfloor$ 段。

步骤 2,利用三级"DB2"小波对各音频段进行提升小波变换,可以得到四个子带:A_3 是低频近似系数,D_3、D_2 和 D_1 是小波分解的高频细节系数。

步骤 3,对提升小波分解的低频系数 A_3 进行一维离散余弦变换。DCT 变换后的第一个系数,是该低频系数的直流部分,称为 DC(direct current)系数,具有样本序列的平均值。DCT 变换的其他系数是交流部分,称为 AC(alternating current)系数。DCT 后的 DC 系数具有调零功能,具有最大的听觉容忍度,因此选取 DC 系数用于嵌入秘密数据。

步骤 4,为了便于提取,将加密的秘密数据中的二进制码"0"变更为"-1",形成一个双极型序列。然后,按照式(3.18)对低频直流系数进行修改,即

$$D'_j = \begin{cases} D_j + \alpha\Delta, & w=1 \\ D_j - \alpha\Delta, & w=-1 \end{cases} \tag{3.18}$$

其中,D_j 表示第 $j(j=1,2,\cdots,N/L)$ 段音频帧的 DC 系数;α 表示嵌入强度,是 1.8~2.2 的参数;w 是秘密数据位;增量参数 Δ 的调整过程在下一小节中描述。

步骤 5,对修改后的 DC 系数 D'_j,结合 AC 系数,经过逆 DCT 变换得到修改后的低频系数,结合 D_3、D_2 和 D_1,再经过逆 LWT 可以得到携密音频信号。

4. 参数调整

容量、鲁棒性和透明度是音频信息隐藏系统的基本要求,且它们之

间相互制衡。可以通过调节嵌入参数取得三个主要参数间的平衡，因此在设计嵌入算法的同时，设计了自适应参数调整法。首先，根据人的心理声学特性计算初始值，秘密数据嵌入音频帧后，再计算携密音频的 SNR，与设定的最优信噪比阈值进行比较。根据比较结果，增减参数，直到 SNR 符合条件或该闭环过程循环次数超过 10 次。参数调整如图 3.9 所示。

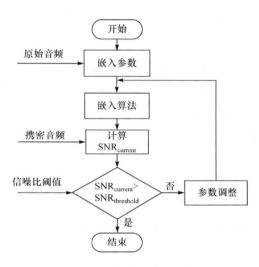

图 3.9　参数调整流程图

5. 提取过程

秘密数据的提取过程是嵌入过程的逆过程，主要步骤如下。

步骤 1，对携密音频信号进行与嵌入过程相同的分段，得到携密音频帧。

步骤 2，利用同样的小波变换参数，对携密音频帧进行 LWT 和 DCT 变换，得到直流参数系数 DC。

步骤 3，由式(3.19)提取出加密的秘密数据，即

$$w' = \begin{cases} 0, & D_k'' < 0 \\ 1, & D_k'' > 0 \end{cases} \tag{3.19}$$

步骤 4,使用混沌序列,并解密 w',得到秘密数据。

在提取过程中不需要原始音频信号,因此该方法属于盲提取算法。

3.2.3 实验结果

为了测试所提算法的性能,进行四组不同的实验。测试中的原始音频信号采用 16bit 量化的单声道音频文件,采样频率为 44.1kHz,持续时长 30s。以 50×50 的二维二进制图像作为秘密数据,强度参数 $\alpha = 2$。测试平台参数为 Intel Pentium 2.2 GHz 双核处理器,2GB 运行内存,编程语言采用 MATLAB 7.8。音频处理软件为 Adobe Audition 3.0。

1. 不可感知性测试

主要进行客观测试和主观测试两类测试。在客观测试中,利用携密音频和原始音频之间的峰值信噪比(peek signal noise rate,PSNR)来衡量不可感知性。PSNR 可以通过式(3.20)来计算,即

$$PSNR = 10\lg \left[\frac{(\max(X_i))^2 L}{\sum_{i=1}^{L} (X_i - X'_i)^2} \right] \tag{3.20}$$

其中,X_i 表示原始音频信号;X'_i 表示相应的携密音频信号。

在无攻击情况下,携密音频的 PSNR 为 29.8088dB。

在主观测试时,选取 20 名听力正常的工作人员,对携密音频进行打分。打分值介于 $1 \sim 5$,最低分 1 分表示音质很差,几乎听不出语意。最高分 5 分表示音质很好,几乎听不出携密音频和原始音频之间的差别。测试结果如表 3.4 所示。

表 3.4 主观测试结果

MOS	5.0(含)～4.0	4.0(含)～3.0	3.0(含)～2.0	2.0(含)～1.0	1.0(含)～0
音频段数目	19	1	0	0	0

从表 3.4 可以看出,携密音频的 MOS 为 4.95,只有一位工作人员听出了携密音频和原始音频之间的细微差别,其他工作人员都认为两段音频是相同的。图 3.10 是原始音频信号和携密音频信号之间的波形对比图,可以看出秘密数据的嵌入并没有引起音频波形的大幅变化。

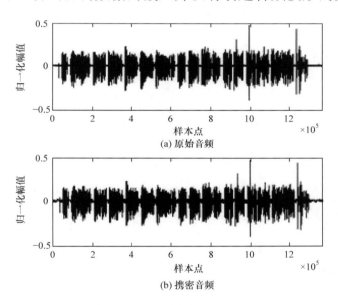

图 3.10 原始音频和携密音频波形对比

2. 安全性测试

算法的安全性测试主要是对 m 序列和 Logistic 混沌序列的安全性进行对比。对于 m 序列,利用一个初始状态为[0010101110]的 10 阶移位寄存器产生 m 序列,然后利用该 m 序列对秘密数据加密。在提取端,利用三组人为改变的初始状态[1001101010]、[1100100101]和[1010110101]对加密的秘密数据进行解密。计算错误初始序列下的

BER 和所提取秘密数据的 NC 系数。

对于混沌序列,设定初始参数 $x_0 = 0.02$,利用式(3.17)产生加密后的序列。在接收端,设定三个人造的初始参数 $x_{e1} = 0.02000001$、$x_{e2} = 0.02000002$ 和 $x_{e3} = 0.19999999$ 用于解密秘密数据。同样,计算 BER 和 NC。表 3.5 是安全性对比结果。

表 3.5 m 序列与混沌序列的安全性对比

项目	BER/%		NC	
	m 序列	混沌序列	m 序列	混沌序列
正确密钥	0	0	1	1
错误密钥 1	48.9583	50.5208	0.6345	0.6166
错误密钥 2	46.7014	49.6528	0.6507	0.6245
错误密钥 3	45.8333	49.6528	0.6567	0.6158
平均值	47.1643	49.9421	0.6473	0.6190

对于 m 序列,错误的密钥和正确的密钥之间的差别很大,但所提取的秘密数据的 BER 却比混沌序列小。另一方面,对于混沌序列,错误的密钥与正确密钥间的差别很小(0.00000001),但提取的秘密数据的 NC 比使用 m 序列要小。也就是说,使用混沌序列加密的秘密数据比使用 m 序列更安全。

3. 鲁棒性测试

为了测试算法的鲁棒性,对携密音频设计了 10 类信号处理和攻击。

① 高斯噪声。添加均值为 0,方差为 0.05,信噪比为 1.8dB 的高斯白噪声。

② 低通滤波。以截止频率为 22.05kHz 的巴特沃斯低通滤波器进行滤波。

③ 重采样。对携密音频降采样至 22.05kHz,然后上采样

至 44.1kHz。

④ 重量化。将 16 位位深降低至 8 位,然后返回到 16 位。

⑤ 回声。使用 Adobe Audition 软件的"模拟延迟"功能在携密音频中添加回声,参数采用缺省设置。

⑥ 均衡器"嘶声减弱"。使用 6 频段图形均衡器对携密音频进行"嘶声减弱"。

⑦ 剪切攻击。删除随机选择的 5 个位置的 50 个连续采样点。

⑧ 幅值变化。放大携密音频幅值至原来的 130%,然后再缩小至原来的大小。

⑨ MP3 压缩。使用音频压缩软件,将携密音频以 128Kbit/s 的比特率进行压缩,然后再解压缩至 wav 格式。

⑩ 抖动攻击。每 5000 个采样点中,固定选取一个位置的采样点进行删除。

对经过攻击和处理后的携密音频,首先计算 PSNR,然后利用 3.2.2 节的检测算法提取秘密数据,计算提取的秘密数据的 BER 和 NC。表 3.6 是鲁棒性测试结果。

表 3.6　鲁棒性测试结果

攻击类型	攻击参数	PSNR/dB	BER/%	NC
加噪	0,0.05,1.8dB	28.0859	0	1
低通滤波	3kHz	26.0190	0	1
重采样	44.1kHz~22.05kHz~44.1kHz	29.8088	0	1
重量化	16-8-16	29.3513	0	1
添加回声	模拟延迟	18.2961	0.0013	0.9988
均衡	嘶声减弱	29.7268	0	1
剪切	随机删除 250 个采样点	28.7414	0	1
幅值放大	100%~130%~100%	24.3564	0	1
MP3 压缩	128Kbit/s	27.1486	0.0076	0.9923
抖动	每隔 1000 点删除一个采样点	29.7763	0	1

从表 3.6 可以看出,提出的基于提升小波变换和离散余弦变换的音频信息隐藏算法能够抵抗大部分信号处理攻击。添加回声和 MP3 压缩攻击改变了音频的时空相对关系,但由于同步码的存在,使提取出的秘密数据的误码率都很低,能够应用于实际环境中。

4. 计算复杂度测试

为了测试算法的复杂度,对同一段音频信号,分别利用普通小波、小波包和提升小波进行第一次变换,接下来的处理完全相同。对算法的运行时间进行比较,结果如表 3.7 所示。

表 3.7　信号处理时间比较

变换类型	信号处理时间/s
小波变换	4.231
小波包变换	5.307
提升小波变换	2.84

由表 3.7 的实验数据可以看出,本书提出的基于提升小波变换的音频信息隐藏算法,与离散小波变换比较,效率提高了 32.87%,与小波包变换比较,效率提高了 46.48%,算法实时性好,适合在硬件平台上移植。

可以看出,该信息隐藏算法提取出的秘密数据与原始秘密数据归一化相关性比较高,携密音频信号的鲁棒性和整个系统的实时性都很好。同时,算法提高了秘密数据嵌入和提取的执行效率,更有利于实际应用。与直接在小波域中嵌入和提取秘密数据相比,在不可感知性、信号处理时间和抗攻击性上都有很大的提高。与文献[90]相比,在秘密数据嵌入位置的选择上有了改进,文献[90]对小波系数进行量化以嵌入秘密数据,而本书依据的是离散余弦变换后的直流系数的最大听觉容差,把秘密数据二进制序列自适应地嵌入在低频小波系数进行离散余弦变换后的直流系数上,平衡了鲁棒性和不可感知性之间的矛盾。

同时,算法还能抵抗大多数对携密音频的攻击。

3.3　分 析 结 论

　　基于音频信号小波变换后的高频子带统计平均值修改的方法,在保证高透明性能时,可以嵌入较大容量的秘密数据,且该方法可以抵抗加噪和 MP3 压缩解压缩攻击。基于提升小波变换和离散余弦变换的音频信息隐藏算法,是在双变换基后的音频直流系统中嵌入秘密数据,算法实时性可以得到较大提升,且可以抵抗多数的信号处理攻击。

第 4 章　压缩域音频信息隐藏技术

随着互联网技术和数字音频压缩技术的发展，以 MP3 音频格式为代表的压缩格式的音频文件迅速在互联网上得到广泛应用。以互联网上传播的 MP3 流媒体文件为载体，传送秘密数据成为传统秘密传送方式的有益补充方法。基于 MP3 流媒体文件的音频信息隐藏算法经过多年的发展，取得了像 MP3 Stego[91] 软件等很多优秀的成果。但是，在压缩域进行音频信息隐藏还有诸如鲁棒性不强等问题没有得到很好的解决。本章探讨以 MP3 文件为载体的音频信息隐藏算法，主要包括以下思想和方法。

① 在非安全网络中以广播的形式传送携密 MP3 文件，需要隐藏算法确保对 MP3 文件音频数据本身做最小的改动，因此必须设计无损的 MP3 音频隐藏算法。本章首先研究基于 MP3 编码规范的无损音频信息隐藏算法，并利用多种音乐形式对算法进行仿真。

② 针对 MP3 文件的版权保护问题，研究基于压缩感知的 MP3 音频信息隐藏算法，对稀疏化时的稀疏基进行比较，并采用基于 ℓ_1 范数最小化算法，对秘密数据进行重构，对音频遭受加噪攻击和 MP3 重新编码解码攻击时的鲁棒性进行实验。

4.1　基于 MP3 编码标准的无损音频信息隐藏算法

对原始音频信号的压缩是将音频信号中的信息冗余部分删除的过程。然而，大部分音频信息隐藏技术却要利用信息的冗余度，这就使得在压缩音频中隐藏信息的难度比在原始音频信息中隐藏信息要大得多[92]。现在文献可查的压缩音频中隐藏信息的方法可分为在压缩过程嵌入[91,93,94]和基于比特流嵌入[95,96]两类。文献[93]在 MP3 压缩过程中通过修改 MP3 压缩算法的量化过程和选择合适的量化值实现嵌入秘密数据,但是该算法具有较高的计算复杂度和时间消耗,难以应用到 VoIP 等实时环境。MP3 Stego 是常见的 MP3 文件信息隐藏工具,通过在量化循环中修改数据块长度实现,但是该方法嵌入容量太低,每个数据粒度只能嵌入 1 位秘密数据。Wang 等[94]提出基于改进离散余弦变换方案,利用变换后的 6 个低频系数嵌入秘密数据,低频系数的改变会影响音频的听觉质量,而且量化过程会抹除 MP3 文件中的秘密数据。

基于比特流嵌入的方法是在 MP3 文件的比特流中隐藏秘密信息。Qiao 等[95]根据秘密数据位的情况,对每段音频帧的比例因子加或减 1,该方法得到的携密 MP3 文件透明性很高。高海英等[96]根据秘密数据位的情况,随机变化 MP3 比特流的主数据段,以最大限度降低音频质量失真。基于比特流的数据隐藏算法都有较强的鲁棒性,但其计算复杂度都较高。Jayaraman 等[97]指出,改变帧头结构中的私有位并不影响 MP3 文件的编码过程。基于此,本章提出一种基于 MP3 编码标准的无损音频信息隐藏算法,对秘密数据进行加密分段,将帧头结构中的私有位作为标志,根据主数据位前 n 位数据与秘密数据当前段是否相等来设置帧头私有位的值,实现秘密数据的隐藏。

4.1.1　MP3 音频压缩规范及嵌入位置分析

MP3 是 MPEG audio layer Ⅲ[98]的简称,是一种流行的具有高压缩率和音质的音频压缩格式。MP3 音频文件编码过程通常包括混合滤波器组滤波、心理声学模型、MDCT 变换、比特分配和比特流格式化等阶段。下面重点分析其编码过程和比特流格式。

1. MP3 编码器

原始音频信号首先由分析滤波器组分解成 32 个子带,每个子带再经过 MDCT 分解为 18 个子频带,从而获得 576 行数据。对于每个次频带,经过心理声学模型分析,分配比特数并量化。对于 576 个子频带,为了降低比特率,MP3 编码器删除了一些对人类听觉影响不大和被其他信号掩蔽的子带。然后,按照频率由低到高排列后进行 Huffman 编码。最后,按照规定的编码格式输出。

2. 比特流格式

图 4.1 是一个 MP3 文件的结构图。每个文件由多个帧组成。帧是 MP3 文件的最小组成结构。每帧由帧头、循环冗余检验码(cyclic redundancy check,CRC)和主数据组成。帧头是比特流的总体信息,如同步、信道数、采样频率等。CRC 校验部分是 16 位奇偶校验码,是可选项。主数据是音频信号的数据内容,包括尺度因子及 576 个子带的 Huffman 编码,其长度由比特率决定。

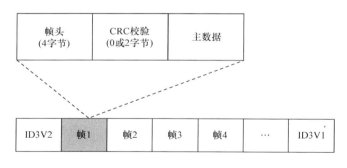

图 4.1　MP3 文件结构

帧头的详细内容如图 4.2 所示。第 H 个单元是帧头的第 24 位,是帧的私有保留位部分,可以根据需要进行更改设置。

A (11字节) 帧同步信号	B (2字节) MPEG版本	C (2字节) 层信息	D (1字节) CRC校验	...	H (1字节) 保留位	...	M (2字节) 强调位

图 4.2　MP3 音频帧帧头内容

4.1.2　基于 MP3 编码规范的无损音频信息隐藏算法设计

1. 基本原理

将秘密数据分成小段，每段的段长为 n 位（本书算法中，$n=2$）；从载体 MP3 文件中选择一帧，隐藏数据时，若主数据位前 n 位数据与秘密数据当前段相等，则设置帧头私有位的值为 1，实现秘密数据的隐藏；提取数据时，保存私有位为 1 的帧前 n 位数据即可。

2. 秘密数据预处理

嵌入 MP3 文件的秘密数据具有不同的类型（文本、图像、音频等）。为了增强系统安全性，消除相邻比特位之间的相关性，利用 Arnold 置乱对秘密数据进行加密。Arnold 置乱的密钥作为系统的第一个密钥（K_1）由发送端和提取端共享。

3. 秘密数据的嵌入

图 4.3 是秘密数据嵌入示意图。虚线部分的操作是可选步骤，后面对其进行解释，其他步骤详细描述如下。

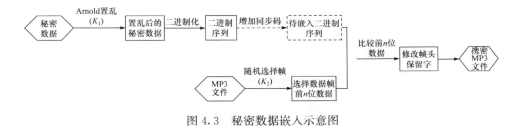

图 4.3　秘密数据嵌入示意图

步骤 1，从原始 MP3 文件中随机选择一帧。随机数产生的种子作为系统的第二个密钥（K_2）由安全通道发送到接收端作为提取秘密数据的密钥。

步骤 2，读取前 n 位（$n=2$）秘密数据 $XX_{watermark}$，再读取前 n 位主数据段的音频数据 $XX_{maindata}$，比较 $XX_{watermark}$ 和 $XX_{maindata}$ 的内容，如果相同，则将帧头的私有位置为"1"，否则保持不变为"0"，并寻找下一帧主数据的 n 位与 $XX_{watermark}$ 进行比较，直至找到与该 n 位秘密数据相同的帧主数据。对于原来的私有位 P，新的私有位 P' 可以通过式（4.1）计算，即

$$P'=\begin{cases} P|1, & XX_{maindata}=XX_{watermark} \\ P\&0, & XX_{maindata}\neq XX_{watermark} \end{cases} \qquad (4.1)$$

步骤 3，重复前 2 个步骤，直到整个秘密数据嵌入完成。

主数据和秘密数据中的二进制位是均匀分布的，因此每 2^n 位主数据可以嵌入的秘密数据为 n，算法的相对嵌入容量可以表示为

$$C=\frac{n}{2^n} \qquad (4.2)$$

其中，n 表示嵌入过程中第 2 步和第 3 步中秘密数据的长度，为了使嵌入容量达到最大，将 n 设置为 2。

因此，原始 MP3 文件中每两帧主数据可以容纳 1 位秘密数据。

由于只更改了帧头部分的保留位内容，主数据并没有发生改动，因此本算法嵌入过程完全是无损的，即 MP3 文件的听觉质量没有发生任何改变。

4. 秘密数据提取

秘密数据的提取是嵌入过程的逆过程。图 4.4 是二进制序列提取及秘密数据恢复的过程示意图。首先，检查携密 MP3 文件帧的私有位。如果私有位为 1，则保存主数据的前 n 比特；否则跳过该帧，读下一

帧的私有位。全部秘密数据读取完成后,进行逆 Arnold 置乱,得到原始秘密数据。

图 4.4　秘密数据重构过程示意图

5. 防止数据丢失的方法

在音频文件在传输过程中,可能因网络拥塞或信道干扰丢失同步位置信息,造成提取秘密数据的错误。为了解决这个问题,在秘密数据中每隔一个固定的长度加入一个特殊的二进制数位串(如1010111011011110)作为同步符号。当提取秘密数据时,出现大面积错误时,可以使用同步符号来正确定位秘密数据的开始位置。在提取秘密数据时,如果误码率处在较高水平,可以采用交织编码、奇偶校验等纠错技术降低误码率。

4.1.3　实验结果

随机从互联网上选择五种不同风格的 MP3 音频文件,即"蓝调"、"经典"、"乡村"、"民俗"和"流行"音乐。每种音乐类型选择两个单声道文件。音频文件时长控制在 10～130s,采样率为 44.1kHz,采样位深16bit。以大小为 200×200 的位图作为秘密数据,如图 4.7(a)所示。Arnold 置乱变换的密钥 K_1 设为 10,随机数序列的密钥 K_2 设为 400。

1. 嵌入容量测试

如 4.1.2 节所述,隐藏容量由参数 n 决定,n 越大,则相对嵌入容量越小。需要说明的是,当在秘密数据中插入了同步符号后,算法的相对嵌入容量会小于 0.5 比特/帧。表 4.1 给出 10 个音频文件的相对嵌入容量。其平均相对嵌入容量 0.4995 比特/帧接近理论分析值 0.5 比特/帧。

表 4.1　不同音频类型的相对嵌入容量

音频类型	时长/ms	帧数	嵌入比特数/比特	相对嵌入容量/(比特/帧)	平均相对嵌入容量/(比特/帧)
蓝调 1	46 900	1799	883	0.491	
蓝调 2	21 800	839	426	0.508	
古典 1	65 900	2528	1251	0.495	
古典 2	46 300	1774	896	0.505	
乡村 1	122 000	4678	2334	0.499	0.4995
乡村 2	70 000	2687	1365	0.508	
民族 1	136 000	5247	2655	0.506	
民族 2	35 400	1360	676	0.497	
流行 1	131 600	5039	2489	0.494	
流行 2	30 300	1167	574	0.492	
平均容量/(bit/s)			19.1		

2. 不可感知性测试

由国际标准化联合会推荐的音频质量评估方法(perceived evaluation of audio quality, PEAQ)[86]，多用于对音频质量进行评价。

根据 PEAQ 测试的结果，得到携密音频信号和原始音频信号的 ODG, ODG 的值在 0～−4。表 4.2 给出 ODG 值的详细描述。

表 4.2　ODG 结果描述

ODG	性能描述
≥0	音频无差异
−1	差异很小，不影响使用
−2	差异较小，不影响使用
−3	差异较大，语义可辨
−4	差异很大，不能使用

对五种不同类型的音频文件对应的携密音频进行 PEAQ 算法测试，得到 ODG 结果，如图 4.5 所示。可以看出，所测音频的 ODG 值都大于 0，意味着人类听觉系统不能辨认出原始音频文件和携密音频文件。

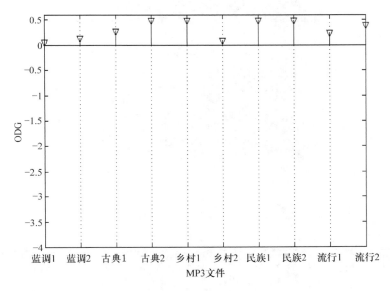

图 4.5　不同音频文件 ODG 测试结果

图 4.6 是音频文件"Romeo's Tune. mp3"的波形及相应的携密音频波形的对比图。可以看出，秘密数据的嵌入并未改变音频文件的波形。

3. 鲁棒性测试

为了模拟携密音频文件在传输信道中可能受到的剪切攻击，在提取秘密数据前，对携密音频文件的部分主数据帧进行人为删除，再按照提取算法检测秘密数据，可以得到如图 4.7(b)所示的实验结果。需要注意的是，同步方法是在秘密数据中每隔 200 个数据点，嵌入一个同步符号 1010111011011110。从图 4.7(c)和图 4.7(d)的对比可以看出，同步符号的嵌入降低了提取误码率，增强了系统的鲁棒性。

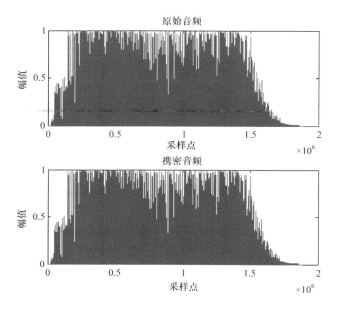

图 4.6　MP3 原始音频与携密音频波形对比图

(a) 原始秘密数据　　　(b) 提取出的秘密数据　　　(c) 无同步码提取数据　　　(d) 有同步码提取数据

图 4.7　鲁棒性实验结果

4.2　基于压缩感知理论的 MP3 音频鲁棒信息隐藏算法

对音频文件版权的检测与跟踪是杜绝盗版 MP3 音频文件的有效方法。数字音频鲁棒信息隐藏是在保持原始音频听觉质量的前提条件下,向该音频中嵌入小容量的具有特定意义且易于提取的信息的过程。被嵌入的信息可以是作品序列号、版权标识符、文字,甚至是小的图形/

图像或音频信息。信息隐藏算法要求透明、安全、容量足够，并对一些常见的攻击具有鲁棒性。

文献[99]对 MP3 音频信息隐藏算法的各项性能进行了比较，提出评判信息隐藏算法的 7 个标准。

① 算法复杂性。

② 携密音频透明性。

③ 对攻击的鲁棒性。

④ 嵌入容量。

⑤ 算法的安全性。

⑥ 提取秘密数据是否需要原始宿主信号。

⑦ 算法公开后，攻击者能否利用算法在音频媒体中嵌入其他版权信息。

大多数信息隐藏算法通过量化或扩频方式改变音频信号在变换域下的参数[100-102]，还有一些方法基于双集算法对直方图特定系数进行修改[103]。Dutta 等[104]提出可听信息隐藏的思想：使携密音频中的秘密数据适度可听，携密音频可以免费收听和下载，只有拥有正确的密钥才可以消除秘密数据的嵌入对音频听觉质量的影响。从参考文献和近期的研究可以得出结论，提高秘密数据嵌入容量，增强携密音频对 MP3 编码/解码、比特率转换攻击的鲁棒性仍然有改进的空间。

由于对加噪攻击具有很强的鲁棒性，扩频（spread spectrum，SS）信息隐藏方法仍是一种流行且可靠的秘密数据嵌入技术。本书以扩频技术作为比较标准。加性扩频信息隐藏算法可表示为

$$y_{ss} = Hx + \mu PW_{ss} \tag{4.3}$$

其中，Hx 表示在时域上的稀疏化宿主音频信号；μ 是正比于帧能量的嵌入因子；P 是对角矩阵，取值为伪随机分布的 ± 1，以进行扩频；W_{ss} 是一个长度为 M 的全 1 或全 -1 矢量，表示当前音频帧应嵌入秘密数据的信息。

　　嵌入因子 μ 的选择要求使基于扩频算法嵌入后的携密信号和基于 CS 方法嵌入后的携密音频信号具有相同的 SNR。在提取端,接收到的秘密数据测量结果 $\boldsymbol{y}_{ss}$ 与对角矩阵 $\boldsymbol{P}$ 相乘,将所得序列相加,可检测到秘密数据的符号信息。

　　压缩感知(compressive sensing,CS)[105-107] 是一种相对较新的信号处理方法,一个信号的稀疏形式可以从其带噪压缩测量结果中,利用 ℓ_1 范数最小化进行精确重构。Laska 等[108] 提出在特定条件下,稀疏信号本身及附加在信号上的稀疏干扰噪声可以完全无误重构。邹建成等[109] 提出在 wav 格式音频信号的离散余弦变换系数中嵌入经过压缩感知处理的秘密数据信息,并用正交匹配追踪(orthogonal matching pursuit,OMP)算法重构噪声信号,再经矩阵逆运算得到秘密数据信息。

　　Shiekh 和 Baraniuk[110] 提出基于压缩感知的变换域数字秘密数据隐藏模型(S. B. 方法),即

$$\boldsymbol{y}_t = \boldsymbol{A}f + \boldsymbol{e}$$

其中,f 是扩频秘密数据序列;$\boldsymbol{A}$ 是一个($M \times N$)随机矩阵($M > N$);$\boldsymbol{e}$ 是宿主信号在稀疏变换域矢量。

　　对方程两边同时乘以 $\boldsymbol{A}$ 的化零矩阵 $\boldsymbol{A}_{AN}$,得到新向量 $\boldsymbol{y}' = \boldsymbol{A}_{AN}\boldsymbol{e}$。对 $\boldsymbol{y}'$ 进行 ℓ_1 范数最小化恢复得到 $\boldsymbol{e}$。一旦检测到稀疏变换域的信号 $\boldsymbol{e}$,从 $\boldsymbol{A}_t$ 中减去 $\boldsymbol{e}$,得到的结果乘以 $\boldsymbol{A}^{-1}$,便可获得秘密数据信号 f。

　　本书提出的方法与 S. B. 方法的主要区别在于,本书的秘密数据信号本身是一个稀疏向量,允许同时恢复秘密数据和宿主信号,对潜在攻击有更好的鲁棒性。更重要的是,通过改变位置,本书提出的方法可以在每一帧信号中嵌入一位以上的稀疏秘密数据,这是因为 ℓ_1 范数最小化方法可同时检测非零元素的位置和符号。稀疏秘密数据的方法将秘密数据以稀疏干扰噪声的形式嵌入 MP3 格式音频信号,利用 ℓ_1 范数最小化进行秘密信号的精确重构,可抵抗噪声和 MP3 编码/解码攻击。

　　压缩感知的前提是信号可压缩,也就是信号可以稀疏表示。

Candès 等[106,107]在压缩感知方面开展了基础和前瞻性的工作。假设待分析信号 $x(N \times 1)$ 是一个 K 稀疏信号，使用高斯随机正交矩阵 $\boldsymbol{\Phi}(M \times N)$ 对信号进行测量，得到观测结果向量 $y(M \times 1)$，即

$$y = \boldsymbol{\Phi} x + e \tag{4.4}$$

其中，e 表示一个小的加性噪声。

当 $M < N$ 时，系统成为欠定系统。

利用基于基追踪去噪的 ℓ_1 范数最小化算法可以准确恢复稀疏向量 x，即

$$\begin{aligned} &\min \| x \|_{l1} \\ &\text{s.t.} \quad \| y - \boldsymbol{\Phi} x \|_{l2} \leqslant \varepsilon \end{aligned} \tag{4.5}$$

其中，ε 是 e 的方差。

在 $\boldsymbol{\Phi}$ 具有满足受限等距属性(restricted isometry property，RIP)的情况下，当观测次数达到以下条件时，可以对原始信号进行准确恢复，即

$$M > K \log(N/K) \tag{4.6}$$

其中，K 是信号 x 中非零元素的数目，即稀疏度。

文献[106]，[107]证明高斯随机正交矩阵满足 RIP 条件。最近，有研究者提出这一框架的两个扩展。一个是 Laska 等提出的公平追踪算法。如果观测结果在某些域中受到稀疏噪声的污染，则式(4.4)变为

$$y = \boldsymbol{\Phi} x + \boldsymbol{\Omega} \boldsymbol{\beta} + e \tag{4.7}$$

其中，$\boldsymbol{\Omega}(M \times L)$ 是具有正交列和尺寸的全部或部分变换矩阵，$L \leqslant M$；$\boldsymbol{\beta}$ 表示稀疏度为 k 的稀疏噪声向量。

当观测次数满足以下条件时，稀疏向量 x 和 $\boldsymbol{\beta}$ 可以同时准确恢复，即

$$M > (K+k) \log \left(\frac{N+L}{K+k} \right) \tag{4.8}$$

Nguyen 等[111]提出另一个扩展性框架——扩展最低压缩选择

(least absolute shrinkage and selection operator, LASSO)算法。假设稀疏噪声向量 $\boldsymbol{\beta}$ 与测量向量具有相同的维数 M，则可认为系统是公平追踪算法的扩展形式。这时 $\boldsymbol{\Omega}$ 是 $(M \times M)$ 的单位矩阵。以上两种情况下，恢复算法都假定存在一个新的 $(N+L) \times 1$ 维稀疏矢量 $U=\begin{bmatrix} \boldsymbol{x} & \boldsymbol{\beta} \end{bmatrix}$ 和一个新的 $M \times (N+L)$ 观测矩阵 $\boldsymbol{\Psi}=\begin{bmatrix} \boldsymbol{\Phi} & \boldsymbol{\Omega} \end{bmatrix}$。基追踪算法变为

$$\min \| U \|_{l1}$$
$$\text{s. t.} \quad \| \boldsymbol{y}-\boldsymbol{\Psi}U \|_{l2} \leqslant \varepsilon \tag{4.9}$$

因此，恢复出稀疏矢量 U 后，它的前 N 个元素就是 x，剩余 L 个元素就是 $\boldsymbol{\beta}$。研究者提出许多基于基追踪和 LASSO 算法的快速算法。本书使用文献[112]提出的 l_1-magic 库函数作为求 ℓ_1 范数最小化的重构算法。

4.2.1 秘密数据及 MP3 载体音频的稀疏化

对原始秘密数据进行稀疏编码，使长度为 L 的子数据中，只有一个非零值 1 或 -1，记此稀疏矢量为 $\boldsymbol{\beta}$。为了在长度为 M 的测量向量中嵌入秘密数据，需要按下式构造稀疏秘密数据信号 $\boldsymbol{W}$，即

$$\boldsymbol{W}=\boldsymbol{\Omega}\boldsymbol{\beta} \tag{4.10}$$

其中，$\boldsymbol{\Omega}$ 是 $M \times L$ 维高斯随机正交矩阵。

音频信号（音乐或语音信号）的可压缩性说明存在稀疏域使音频信号稀疏。本书使用离散阿达马变换（discrete Hadamard transform, DHT）对音频信号进行稀疏表示。首先，对宿主音频信号进行分帧，每帧的长度为 M。其次，对每帧进行 DHT 变换，产生 DHT 变换系数。最后，设置一个阈值 T，所有在 T 以下的 DHT 变换系数都置零（稀疏化过程）。Shiekh 等[110]使用相同的方法对图像数据进行了稀疏化。书中 T 由实验确定，原则是确保稀疏度 K 小于 50%，且稀疏化后的音频信号听觉感知质量没有明显下降。

每一个音频帧在稀疏化后是 K 稀疏的（每帧中 K 不相同）。然后，采取逆阿达马变换（inverse discrete Hadamard transform, IDHT）将音

频信号变换到时域,完成宿主信号的稀疏化。

阿达马变换矩阵的大小为 $(M \times M)$,对阿达马矩阵进行平方根归一化。这样阿达马矩阵及其逆矩阵具有相同的形式,记为 $\boldsymbol{H}$ 。那么,时域中稀疏化后的宿主信号为

$$X(t) = \boldsymbol{H}x \tag{4.11}$$

4.2.2　秘密数据的嵌入

经过稀疏化处理的秘密数据利用压缩感知的方法嵌入稀疏化后的原始压缩音频信号中。嵌入过程如图 4.8 所示。

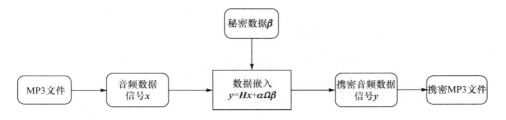

图 4.8　MP3 音频信号中秘密数据嵌入示意图

嵌入秘密数据后的宿主音频信号可以记为

$$y = \boldsymbol{H}x + \alpha \boldsymbol{\Omega} \boldsymbol{\beta} \tag{4.12}$$

其中,α 是强度调整因子,其大小由音频帧的帧能量决定;当稀疏秘密数据 $\boldsymbol{\beta}$ 中非零元素的位置固定时,可以在长度为 M 的音频帧中嵌入一位秘密数据信息。

如果非零元素的位置可以调整,那么就可以在一个音频帧中嵌入多位秘密数据信息。

4.2.3　基于 ℓ_1 范数最小化的秘密数据重构

ℓ_1 范数最小化算法的主要优点是宿主信号和稀疏秘密数据信号可完美重构。在提取端,收到秘密随机观测矩阵 $\boldsymbol{\Omega}$ 后,可以用三种不同的方法处理携密音频信号,或者对秘密随机观测矩阵 $\boldsymbol{\Omega}$ 进行处理,然后利

用 ℓ_1 范数最小化算法恢复稀疏秘密数据和宿主信号。

① 直接公平追踪法。对测量结果 y，直接使用式（4.9）所示的公平追踪法得到恢复向量 $U=\begin{bmatrix} x & \beta \end{bmatrix}$。其中每帧信号中的稀疏秘密数据序列 β 只包含一位秘密数据信息。稀疏向量 x 恢复后，可以用式（4.10）得到信号在时域中的表达形式。

② 与 $\boldsymbol{\Omega}^{-1}$ 相乘。对式（4.12）两边同时乘以观测矩阵的逆矩阵 $\boldsymbol{\Omega}^{-1}$，可以得到新的 L 维测量结果 $y_1=\boldsymbol{\Omega}^{-1}y$，则 y_1 可由式（1.13）给出，即

$$y_1=\boldsymbol{\Omega}^{-1}Hx+\beta \tag{4.13}$$

这时，观测向量为 $\boldsymbol{\psi}=\begin{bmatrix} \boldsymbol{\Omega}^{-1}H & I \end{bmatrix}$，其中 I 表示 $(L\times L)$ 的单位矩阵。

③ 与 $\boldsymbol{\Omega}$ 的化零矩阵相乘。化零矩阵 $\boldsymbol{\Omega}_{\mathrm{AN}}$ 是维数为 $(M-L)\times M$ 的矩阵。对式（4.12）两边同时乘以化零矩阵，得到新的维数为 $(M-L)$ 的测量矩阵 $y_2=\boldsymbol{\Omega}_{\mathrm{AN}}y$ 由式（4.14）给出，即

$$y_2=\boldsymbol{\Omega}_{\mathrm{AN}}Hx \tag{4.14}$$

此时，等效的观测向量为 $\boldsymbol{\Psi}=\begin{bmatrix} \boldsymbol{\Omega}_{\mathrm{AN}}H \end{bmatrix}$。对式（4.14）进行重构可以得到宿主音频信号的稀疏形式。然后，利用携密信号减去宿主信号可以得到稀疏秘密信号的观测结果，即

$$y_3=y-Hx=\boldsymbol{\Omega}\beta \tag{4.15}$$

对式（4.15）同乘 $\boldsymbol{\Omega}^{-1}$，或者直接利用基追踪算法进行重构，便可得到稀疏秘密数据 $\boldsymbol{\beta}$。

4.2.4　算法鲁棒性分析

为克服加性噪声和 MP3 编码/解码攻击对秘密数据提取的影响，采取同一秘密数据位连续帧多次嵌入求均值的方法，增强携密音频的鲁棒性。对连续的 D 帧宿主音频信号，嵌入相同的秘密数据信息，提取时求出秘密数据的平均值作为提取出的秘密数据信息。需要说明的是，相同秘密数据信息多次连续嵌入在增强携密音频鲁棒性的同时会

降低嵌入秘密数据的容量。

以 4.2.3 节提出的音频和秘密数据信号重构方法为研究对象,分析稀疏重建方法对抗加噪和 MP3 压缩/解压攻击的鲁棒性。

根据式(4.12),实际重构的音频信号与原始音频信号的欧几里得距离的上确界可以表示为

$$\| \boldsymbol{x} - \tilde{\boldsymbol{x}} \|_{l2} \leqslant C \sqrt{K \frac{\lambda m}{L}} + \| \boldsymbol{e} \|_{l2} \tag{4.16}$$

其中,e 表示受攻击后音频信号 $\tilde{x}$ 上的加性噪声;C 和 λ 为矩阵 $\boldsymbol{\Omega}$ 和 $\boldsymbol{H}$ 及稀疏度 K 的影响因子。

在式(4.15)左右同时乘以 $\boldsymbol{\Omega}$ 的逆矩阵 $\boldsymbol{\Omega}_1$,即

$$\boldsymbol{\Omega}_1 \boldsymbol{y}_3 = \boldsymbol{\beta} + \boldsymbol{\Omega}_1 b \tag{4.17}$$

其中 $\boldsymbol{\Omega}_1 b$ 项表示稀疏秘密数据重建时的误差;稀疏向量 $\boldsymbol{\beta}$ 只包含一个非零元素,假设其位置已知(第 j 个)。

式(4.17)中的误差项可以表示为

$$\boldsymbol{E} = \boldsymbol{\Omega}_1 b = \sum_{i=1}^{M} \boldsymbol{\Omega}_{1ji} b_i \tag{4.18}$$

其中,$\boldsymbol{\Omega}_{1j}$ 是随机正交高斯矩阵 $\boldsymbol{\Omega}_1$ 的第 j 列元素序列,其均值为零,方差为 1。

根据中心极限定理,误差项 $\boldsymbol{E}$ 以 M^{-1} 阶的速度收敛于零,且其方差为 $\| b \|_{l2}$。采取 D 帧连续嵌入相同秘密数据,提取时求平均值的方法后,误差项 $\boldsymbol{E}$ 会以 $(M \times D)^{-1}$ 的速度收敛于零。因此,只要选取适当大的随机矩阵的维数 M,且采取多帧连续嵌入同一秘密数据的方法,提取秘密数据时抵抗加性噪声的安全性就能够得到保证。

4.2.5　实验结果

为验证基于压缩感知秘密数据嵌入/提取方法的可行性,使用一段时长为 40s,比特率为 128Kbit/s 的 MP3 音乐文件作为宿主信号。音频

内容为慢摇音乐与人声的结合。对音乐文件分帧,帧长 $M=128$,在每帧内完成秘密数据嵌入。如果要加噪,则要在 MP3 编码前进行。没有噪声时,携密文件以相同的比特率转换回 MP3 格式。通过实验 128Kbit/s 和 64Kbit/s 两种比特率转换,来衡量比特率下降对信息隐藏系统的影响。实验从三个方面衡量恢复秘密数据的性能。

① 秘密数据嵌入后,在转换到 MP3 格式前,测量加噪攻击的影响。

② 转换到 MP3 格式,衡量 MP3 编码/解码和比特率转换的影响。

③ 多次嵌入求均值处理对系统的影响。

秘密数据嵌入实验中,CS 和 SS 方法要求产生的携密音频信号听觉质量只有很小的改变(SNR＝27dB)。在基于 CS 的方法中,使用较低维数的矩阵 $\boldsymbol{\Omega}$,且取 $L=2$,稀疏度 $K=1$。对于 CS 方法又分两种情况进行实验。

① CS1,非零元素的位置固定,提取端知道非零元素的位置,只恢复非零元素的符号。

② CS2,非零元素位置不固定,提取端必须同时恢复非零元素的位置和符号。

第一组实验是加噪声攻击的鲁棒性实验,第二组实验是 MP3 编码/解码及比特率转换攻击的鲁棒性实验,将实验结果与 SS 算法和 S. B. 算法(取 $M=128,N=32$)进行对比。

(1) 加噪攻击实验

加性噪声从零开始(音频文件 SNR＝27dB)阶梯式增加到影响音频质量水平(音频文件 SNR＝8dB)。需要注意的是,从 20dB 开始,音频的听觉质量严重下降。表 4.3 给出 CS1、CS2、SS 和 S. B. 方法下秘密数据比特的恢复率,以及多次连续嵌入方法对恢复率的影响。多帧连续嵌入时帧数 $D=4$,即秘密数据嵌入容量为 86bit/s。前 3 行数据表明,本书方法相对于 SS 和 S. B. 技术,在音频质量可接受的前提下,秘密数据提取性能十分完美。S. B. 方法与未采用多次连续嵌入方法的

CS 技术的性能相当。带噪声时,多次连续嵌入方法可使误码率明显降低。CS2 方法与 CS1 方法的性能相当,但是由于 CS2 方法可同时嵌入符号和稀疏秘密数据的位置,应用前景更广。

表 4.3　秘密数据恢复时加噪声的影响

信噪比/dB	CS1	En-CS1	文献[101]	En-SS	文献[110]	CS2	En-CS2
27	100	100	76.5	93.8	99.1	100	100
23.5	100	100	76.5	93.3	98.8	99.9	100
20	100	100	76.2	92.6	97.7	96.9	100
17.7	98	100	76.1	92.5	93.5	93.2	100
15.3	96	100	75.5	91.8	94.3	88.7	100
13.2	92	99	75.2	91	90.4	86.0	98.8
12.4	89	98.8	74.7	90.8	88.8	82	97.3
10.3	86	98.4	76	90.7	87.8	80	95
9.8	85	97	75.8	90.5	85.8	78.6	94.2
8.2	80	96.9	74	90	83.7	75.7	93.4

（2）MP3 编码解码攻击实验

在没有噪声攻击的情况下,对 MP3 编码/解码攻击下秘密数据嵌入/提取性能进行测试。表 4.4 是不同比特率和嵌入容量情况下秘密数据提取的成功率。S.B. 方法的成功率为 92.5%。前 5 行是以 128Kbit/s 对音频文件进行 MP3 编码/解码时的性能。后 6 行是以 64Kbit/s 进行 MP3 编码/解码时的性能。为保证音频样本在提取过程中具有相同的采样点个数,用二次插值方法对 64Kbit/s 的 MP3 信号进行插值。CS 方法的提取成功率比 SS 方法要高,同时 CS2 方法与 CS1 方法性能相当,在 64Kbit/s 的 MP3 编码/解码攻击情况下,秘密数据提取误码率都很低。

表 4.4　秘密数据恢复时 MP3 编码/解码的影响

D	MP3 比特率/(Kbit/s)	容量/(bit/s)	CS1	CS2	文献[101]
1	128	345	93	95	71
4	128	86	98.5	100	90
8	128	43	100	100	94
12	128	29	100	100	100
16	128	22	100	100	100
1	64	345	70	69	57
4	64	86	77	80	65
8	64	43	91	87	72
12	64	29	93	93.5	78
16	64	22	94	95	86
32	64	11	97	98	91

（3）稀疏向量长度对嵌入容量的影响。

ℓ_1 范数最小化稀疏秘密数据重构不需要知道稀疏秘密数据的位置，可以在稀疏秘密数据向量中非零元素的位置添加更多的秘密数据信息，以正确传送多于 1 位的秘密数据信号。对于长度为 L 的稀疏向量 β，一个取值为 ±1 的非零元素，理论上可以编码 $\log_2(2L)$ 位秘密数据信息。在实际应用中，$2L$ 个码字中不同的所有码字与存储在提取端中的码本向量一一对应。表 4.3 和表 4.4 使用 CS2 方法，$L=2$ 和 $K=1$ 时，单个非零元素的位置是随机改变的。检测算法需要找到稀疏向量幅度最大位置并记录其符号。表 4.3 和表 4.4 中的结果表明，CS2 方法与非零元素位置固定在相同点的 CS1 方法性能几乎相当。

4.3　分 析 结 论

本章研究 MP3 压缩音频格式中的信息隐藏相关技术问题和 MP3 编码规范，采取改变 MP3 文件帧头私有位的方法嵌入秘密数据。算法在保证载体音频听觉完美质量的同时，具有较好的鲁棒性和一定的嵌入容量。设计了基于压缩感知理论的 MP3 文件音频信息隐藏算法,对稀疏基进行选择,比较了多种重构算法对秘密数据提取误码率的影响,选择了基于 ℓ_1 范数最小化的重构算法对原始 MP3 音频信号进行重构,在携密音频遭受加噪和 MP3 编码解码攻击后,仍能以较高的成功率提取出秘密数据信号。

第5章 基于经验模式分解的音频信息隐藏算法

传统的基于变换域的音频信息隐藏算法，由于时频变换的存在，使得音频信息隐藏系统计算复杂度较高。经验模式分解（empirical mode decomposition，EMD）不依赖基函数，计算速度快，对信号有自适应能力。将秘密数据嵌入 EMD 后的基本分量中，在提高隐藏系统计算效率的同时，可以兼顾携密音频的不可感知性和鲁棒性。本章在研究 EMD 实用化技术的基础上，提出将秘密数据嵌入 EMD 后最后一个基本模式分量（intrinsic mode function，IMF）的极值中，结合量化索引调制中的均匀调制技术、同步码嵌入技术，以提高系统各项性能指标。本章主要包括以下内容。

① 研究 EMD 方法的完备性和正交性，以实验数据证明其对音频信号处理后的完备性，利用分解后的数据点例证明其正交性。

② 研究实际应用情况下提高 EMD 局部均值的快速高精度求解方法，分析改进的极值域均值模式分解算法在精确求解局部均值上的优势。通过基于支持向量机（support vector machine，SVM）的双边延拓，对音频帧信号两端进行延长，可以有效抵消 EMD 的端点效应问题。

③ 分析 EMD 后的数据及秘密数据的嵌入位置，以保证携密音频的高透明性和算法的低计算复杂度，设计秘密数据嵌入方法，并对基于 EMD 的音频信息隐藏方法进行实验和结果分析。

5.1　经验模式分解基本理论和算法

1998 年,黄锷等[113]提出基本模式分量的概念,将非平稳非线性信号分解为基本模式分量和残余分量的组合,即经验模式分解。EMD 首次构建了以瞬时频率表征非平衡非线性信号的基本分量,以基本模式分量为时域基本信号的时频分析方法,并迅速在语音识别、机械设备故障诊断、雷达图像处理及地质研究等领域得到应用。

5.1.1　基本概念

在研究基于 EMD 的时频分析方法之前,需要明确两个基本概念:一个概念是瞬时频率,信号的瞬时能量与瞬时包络的概念已被广泛接受,而瞬时频率的概念在 Hilbert 变换方法产生之前,存在一定的争议;另一个概念是基本模式分量,在对原始信号进行 Hilbert 变换后,只有分析其中的基本模式分量的时频谱,才能产生具有具体物理意义的结果。

（1）瞬时频率

瞬时频率的概念在 Hilbert 变换方法产生之前存在一定的争议性,有两个主要原因:一是受局部频率的影响,人们总想和傅里叶变换一样,找到一个完整周期的波长来定义瞬时频率,而非平衡非线性信号频率是时刻变换的,因此瞬时频率就显得毫无意义;二是没有唯一的瞬时频率定义。解析化离散数据工具 Hilbert 变换方法产生后,瞬时频率的概念得到了明确[114]。

对任意时间序列 $x(t)$,可以得到它的 Hilbert 变换 $y(t)$ 为

$$y(t) = \frac{1}{\pi} \int_{-\infty}^{\infty} \frac{x(\tau)}{t - \tau} d\tau \tag{5.1}$$

通过这一定义,产生了复共轭对序列 $x(t)$ 和 $y(t)$,写成解析函数 $z(t)$ 的

形式为

$$z(t)=x(t)+jy(t)=a(t)\mathrm{e}^{j\Phi(t)} \tag{5.2}$$

其中,$a(t)$为幅值函数,即

$$a(t)=\sqrt{x(t)^2+y(t)^2} \tag{5.3}$$

$\Phi(t)$为相位函数,即

$$\Phi(t)=\arctan\frac{y(t)}{x(t)} \tag{5.4}$$

对相位函数求导数,可得瞬时频率,即

$$\omega(t)=\frac{\mathrm{d}\Phi(t)}{\mathrm{d}t} \tag{5.5}$$

或

$$f(t)=\frac{1}{2\pi}\frac{\mathrm{d}\Phi(t)}{\mathrm{d}t} \tag{5.6}$$

因此,时间序列 $x(t)$ 可以表示为

$$\dot{x}(t)=\mathrm{Re}(a(t)\mathrm{e}^{j\int\omega(t)\mathrm{d}t}) \tag{5.7}$$

其中,$\mathrm{Re}(\cdot)$是取实部函数。

按上述瞬时频率的定义,在某些情况下可能出现没有意义的负频率。考虑如下叠加信号,即

$$x(t)=x_1(t)+x_2(t)=A_1\mathrm{e}^{j\omega_1 t}+A_2\mathrm{e}^{j\omega_2 t}=A(t)\mathrm{e}^{j\varphi(t)} \tag{5.8}$$

为了便于计算,假设 A_1 和 A_2 固定,ω_1 和 $\omega_2>0$,则信号 $x(t)$ 可以表示为两个 δ 函数的组合形式,即

$$X(\omega)=A_1\delta(\omega-\omega_1)+A_2\delta(\omega-\omega_2) \tag{5.9}$$

按式(5.3)和式(5.4)可以求解信号的相位和幅值,即

$$\Phi(t)=\arctan\frac{A_1\sin\omega_1 t+A_2\sin\omega_2 t}{A_1\cos\omega_1 t+A_2\cos\omega_2 t} \tag{5.10}$$

$$A^2(t)=A_1^2+A_2^2+2A_1A_2\cos(\omega_2-\omega_1)t \tag{5.11}$$

对相位函数求导数,可得瞬时频率,即

$$\omega(t)=\frac{\mathrm{d}\Phi(t)}{\mathrm{d}t}=\frac{1}{2}(\omega_2-\omega_1)+\frac{1}{2}(\omega_2-\omega_1)\frac{A_2^2-A_1^2}{A^2(t)} \tag{5.12}$$

假设存在两个正弦信号的频率为 $\omega_1=10\mathrm{Hz}$，$\omega_2=20\mathrm{Hz}$，由式(5.12)可以发现，当两个信号的幅值取值不同时，其瞬时频率会发生很大的变化。如果 $A_1=-1.5$，$A_2=0.5$，瞬时频率会出现没有实际意义的负值。可见，不能对任一信号做简单的 Hilbert 变换。

经过深入研究，黄锷等[113]发现只有对满足一定条件的信号才能使用 Hilbert 变换，求得具有物理意义的瞬时频率，并将此类信号称为基本模式分量。

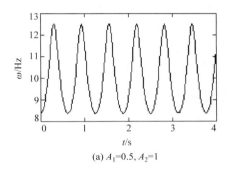
(a) $A_1=0.5$, $A_2=1$

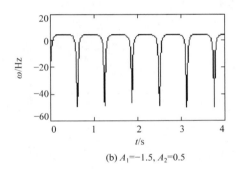
(b) $A_1=-1.5$, $A_2=0.5$

图 5.1　两个正弦波叠加的瞬时频率

（2）基本模式分量

提出基本模式分量的概念是为了得到具体实际物理意义的瞬时频率。基本模式分量 $f(t)$ 应该满足如下两个条件。

条件 1，在整个信号序列中，极值点的数量 N_e 与过零点的数量 N_z 相等或最多相差一个，即

$$(N_z-1)\leqslant N_e\leqslant(N_z+1) \tag{5.13}$$

条件 2，对任一时刻 t_i，数据序列局部极大值确定的上包络线 $f_{\max}(t)$ 和局部极小值确定的下包络线 $f_{\min}(t)$ 关于时间轴对称，即

$$[f_{\max}(t_i)+f_{\min}(t_i)]/2=0, \quad t_i[t_a,t_b] \tag{5.14}$$

第一个条件类似于传统平稳高斯分布，比较明显。第二个条件是

局域性的限定,是为了消除因不对称造成波动的瞬时频率,其本质是要求数据序列在局部的均值为零。计算局部均值需要用到局部时间的概念,而在非平稳信号中,局部时间很难明确,因此用局部极大(小)值包络替代。

基本模式分量的连续两个过零点之间只存在一个极值点,即只包括一个基本振荡模式,不存在复杂的叠加波。基本模式分量并非限定为窄频带序列,可以具有一定的带宽。一个典型的基本模式分量如图5.2所示。

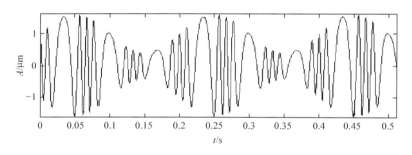

图 5.2 一个典型的基本模式分量

5.1.2 基本原理

对于由基本模式分量复合的信号,可以通过 Hilbert 变换求出各分量信号的瞬时频率。然而,在实际工程应用中,大多数信号或数据都不是基本模式分量,即信号在任何时刻可能包括多个频率分量的振荡。因此,简单的 Hilbert 变换不能完整分解一般信号频率的内容。为了解决这个问题,Huang 等[113]给出以下三个假设条件。

① 一个信号在任何时刻都可以分解为多个基本模式分量。

② 任何信号或数据都由一系列基本模式分量组成,每个模式分量可以是非线性的,也可以是线性的。

③ 将基本模式分量相互重叠,可以重构原始信号。

基于以上假设条件,可以用 EMD 的方法将信号的基本模式分量筛选出来,然后再对基本模式分量进行分析。EMD 方法的本质是用基于信号的时间-尺度特征来获得基本模式分量,然后进行信号变换。

基于基本模式分量的限定条件,EMD 的目的就是得到具有实际意义的瞬时频率的时(空)序列——基本模式分量。一个完整的 EMD 的步骤如下。

步骤 1,对原始待处理信号 $x(t)$,提取该信号的所有局部极大值点和极小值点。

步骤 2,运用三次样条曲线插值法,对所有极大值点和极小值点进行曲线连接,得到信号 $x(t)$ 的上下包络线。这时信号 $x(t)$ 的所有点都处于上下包络线之间。

步骤 3,运用上下包络线,计算均值组成的平均线 $m(t)$。如图 5.3 所示,纵轴表示幅值 A,横轴表示数据样点 N,实线为原始信号 $x(t)$,"。"和"∗"分别表示 $x(t)$ 中的局部极大值和局部极小值,两条虚线是用极大值极小值拟合的上下包络线,点划线表示平均线 $m(t)$。

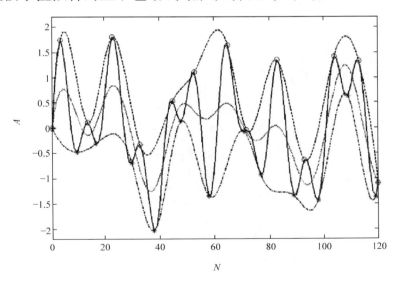

图 5.3 信号 $x(t)$ 的上下包络线及均值

步骤 4，用原始信号 $x(t)$ 减去均值线 $m(t)$，可得 $h_1(t)$，即

$$h_1(t) = x(t) - m(t) \qquad (5.15)$$

步骤 5，检测 $h_1(t)$ 是否为基本模式分量。如果不是，则把 $h_1(t)$ 作为待处理信号，重复上述步骤，直至 $h_1(t)$ 成为一个基本模式分量，即

$$c_1(t) = h_1(t) \qquad (5.16)$$

步骤 6，从原始信号 $x(t)$ 中减去分解出的第一个基本模式分量 $c_1(t)$，得到残余值序列 $r_1(t)$，即

$$r_1(t) = x(t) - c_1(t) \qquad (5.17)$$

步骤 7，以 $r_1(t)$ 作为新的待处理信号，重复步骤 1～步骤 6，依次可得第 2～n 个基本模式分量，记为 $c_1(t), c_2(t), \cdots, c_n(t)$。剩下残余值序列项 $r_n(t)$，作为原始信号的余项。

EMD 将原始信号序列 $x(t)$ 分解为若干基本模式分量和一个余项的和，即

$$x(t) = \sum_{i=1}^{n} c_i(t) + r_n(t) \qquad (5.18)$$

整个 EMD 过程在满足预先设定的停止准则后即可停止，停止准则可以设定为如下形式。

① 最后一个 IMF 或剩余序列 $r_n(t)$ 低于预先设定的阈值。

② 剩余序列 $r_n(t)$ 变成单调序列，从中不能再分解出 IMF。

需要指出的是，两个限定基本模式分量的条件是理论上的推导过程。在实际应用中，无法确保所有待处理信号的局部均值绝对为零。为了保证基本模式分量能够反映具有实际物理意义的幅频特性，需要重新设定筛选过程的停止准则。

可以以两个连续中间分量的标准差 S_d 作为阈值，来停止筛选过程，即

$$S_d = \sum_{t=0}^{T} \frac{|h_{k-1}(t) - h_k(t)|^2}{h_k^2(t)} \qquad (5.19)$$

其中，T 表示信号的时空跨度；$h_{k-1}(t)$ 和 $h_k(t)$ 是在分解基本模式分量过程中两个连续的中间序列；S_d 的值通常取 $0.2\sim0.3^{[113]}$。

　　EMD 方法得到的 IMF 是原始信号中不同的时间-尺度特征分量，余项表示原始信号的趋势。不同于基函数固定的傅里叶分解或小波分解，EMD 方法没有统一的表达式，依靠信号本身特性，使用自适应的广义基自适应地分解信号。由 IMF 的限定条件可知，EMD 得到的前几个IMF 是原始信号序列 $x(t)$ 中最重要的信息。

5.2　EMD 方法的特点及改进

　　作为全新的信号时频分析方法，EMD 一经出现，就成为信号处理研究的热点。EMD 方法有其自身的特点，但同时也存在一些缺陷需要处理。

5.2.1　EMD 方法的特点

1. 完整性

　　信号分解方法的完整性也称为完备性，是指对分解后的各个分量求和能重构原始信号的性质。从式(5.18)可以看出，通过 EMD 方法的基本原理，EMD 方法的完备性在理论上已经很明确。在实际中，通过把分解后的基本模式分量和残余向量相加后与原始信号序列进行比较，也能够证明 EMD 方法的完整性。图 5.4 为原始模拟信号 $x(t) = \sin(200\pi t) + \sin(100\pi t)$ 的 EMD 分解结果和重构信号及其误差曲线，其中采样频率 2000Hz，数据长度 512 点，$c_1(t)$ 和 $c_2(t)$ 分别为从 $x(t)$ 中提取出的两个基本模式分量，$r(t)$ 为余项，$\hat{x}(t)$ 为通过 $c_1(t)$、$c_2(t)$ 和 $r_2(t)$ 线性叠加重构的信号，$c(t)$ 是重构信号与原始信号的误差曲线，$c(t) = \hat{x}(t) - x(t)$。

　　从图 5.4 可以看出，EMD 方法可以完整地分解出原始信号中内含的两个分量函数 $f_1(t)=\sin(200\pi t)$ 和 $f_2(t)=\sin(100\pi t)$，而余项 $r_2(t)$ 反映信号 $x(t)$ 的趋势。从 $c(t)$ 曲线可以看出，重构误差在 $10^{-15}\sim10^{-16}$ 量级，主要由数字计算机的舍入误差造成。

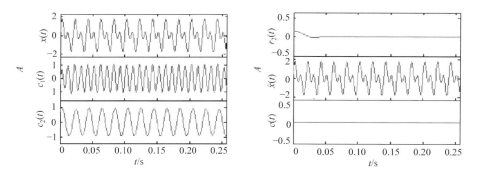

图 5.4　信号分解的完整性

2. 正交性

　　为了使分量信息互不干扰、相互独立，信号分解方法必须具有正交性。在理论上，如果两个分量函数 $x_1(t)$ 和 $x_2(t)$ 满足下式，即

$$\int_{t_1}^{t_2} x_1(t)x_2(t)\mathrm{d}t = 0, \quad t_1 < t < t_2 \tag{5.20}$$

则称分量函数 $x_1(t)$ 和 $x_2(t)$ 相互正交。

　　在数学上，推导 EMD 的正交性还比较困难[115]，但基本模式分量的正交性可以在数值上进行检验。对式(5.18)进行改写，即

$$x(t) = \sum_{i=1}^{n+1} c_i(t) \tag{5.21}$$

将其中的余项 $r_n(t)$ 看作第 $n+1$ 个分量 $c_{n+1}(t)$。

　　对信号序列取平方，即

$$x^2(t) = \sum_{i=1}^{n+1} c_i^2(t) + 2\sum_{i=1}^{n+1}\sum_{k=1}^{n+1} c_i(t)c_k(t), \quad i \neq k \tag{5.22}$$

　　若 EMD 方法具有正交性，则式(5.22)右边平方的交叉项(第二部

分)应该为零。定义一个指示 EMD 方法整体正交性的指标(index of orthogonal, IO)[113] 为

$$IO = \sum_{t=0}^{T} (\sum_{i=1}^{n+1} \sum_{k=1}^{n+1} c_i(t) c_k(t) / x^2(t)), \quad i \neq k \qquad (5.23)$$

文献[113], [116] 分别用实际工程中采集的信号,通过 EMD 方法计算其 IO,分别为 0.0067 和 0.0056,从数据上检验了分量之间的近似正交性。

任意两个基本模式分量 $c_i(t)$ 和 $c_k(t)$ 间的正交性可表示为

$$IO_{i,k} = \sum_{t=0}^{T} \frac{c_i(t) c_k(t)}{c_i^2(t) + c_k^2(t)} \qquad (5.24)$$

需要说明的是,EMD 方法的正交性指的是局部意义上的正交。由于原始数据的采集都是有限长度的,因此相邻的两个分量之间的能量泄漏会很小。黄锷等[113] 经过大量的数字实验指出,一般数据的正交性指标不超过 1%,对于很短的数据序列,极限情况可能达到 5%。

3. 自适应性

由 EMD 分解算法的基本步骤可以看出,在基本模式分量的筛选过程中,每一步分解过程中的基函数主要由原始信号本身的特性决定。对不同的原始信号,其基函数也不相同,是自适应的。传统的信号分析工具(如傅里叶变换和小波变换)的基函数是固定的,因此说 EMD 方法有很大的优势。

4. 滤波性

EMD 方法可以将原始信号分解为一系列频带上的基本模式分量,且分量之间能量泄漏较小。由于 EMD 分解出的 IMF 和余项按频率大小降序排列,因此可以利用 IMF 自由组合,得到原始信号的滤波处理结果[117]。

对式(5.18)重新改写,则一个 EMD 低通滤波函数可以表达为

$$x_{\mathrm{lp}}(t) = \sum_{j=k}^{n} c_j(t) + r(t), \quad 1 < k < j < n \qquad (5.25)$$

高通滤波函数表达为

$$x_{\mathrm{hp}}(t) = \sum_{j=1}^{k} c_j(t), \quad 1 < j < k < n \qquad (5.26)$$

带通滤波函数表达为

$$x_{\mathrm{bp}}(t) = \sum_{j=h}^{n} c_j(t), \quad 1 < h < j < k < n \qquad (5.27)$$

5.2.2　EMD 方法的缺陷及改进

在 EMD 方法中,随着 IMF 提取过程的进行,被处理信号曲线的极值点的间隔逐渐增大,即提取出的分量越来越"粗"。这意味着每次都分解出一个高频细节信号分量(基本模式分量)和一个较低频粗略信号分量。第一次提取出的基本模式分量 $c_1(t)$ 是信号频率最高分量,剩余基本模式分量信号的频率按降序排列,$c_n(t)$ 所含频率最低,$r_n(t)$ 是一个单调序列。图 5.5 为小波分解方法与 EMD 方法对信号频率进行划分的过程。图 5.5(b)忽略了余项 $r_n(t)$。

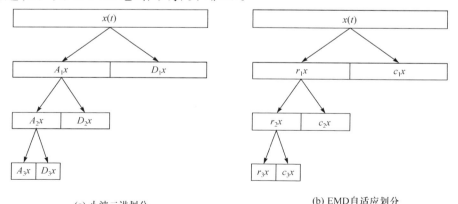

(a) 小波二进划分　　　　　　　　　　　(b) EMD自适应划分

图 5.5　小波分解与 EMD 方法划分信号频带

由图 5.5 可知,小波分解的尺度是按二进制变化的,每次分解得到的低频粗略信号与高频细节信号占用相同的带宽。通过给定分解次数就可以控制小波分解后各分量的带宽。EMD 分解方法则是按信号本身具有的成分自适应地对其频带进行划分,每个 IMF 占据的频带带宽不能人为设定,只取决于每个 IMF 分量的频率范围。在控制 EMD 各分量的带宽上,EMD 方法缺乏灵活性。

局部均值的求解是 EMD 分解过程的一个重要步骤,容易造成 EMD 方法相对传统分解方法计算速度慢,难以实时应用的不足。同时,原始信号边界的普遍不连续性会造成在 EMD 过程中,误差会向信号内部"感染"形成边界效应[113,118],这也是需要解决的问题。

(1) 提高求解局部均值速度精度的方法

限定 IMF 的第二个条件的实质是要求信号本身是无直流分量的时间轴对称曲线。传统 EMD 方法中是以局部极值包络线的均值代替信号局部均值的,但这并不是唯一的求解方法。国内学者分别提出自适应时变滤波法(adaptive time varying filter decomposition,ATVFD)[116]和极值域均值模式分解法(extremum field mean mode decomposition,EMMD)[119],一定程度上提高了局部均值的估计精度。ATVFD 通过自适应时变滤波算法,在局部极值的基础上计算局部均值,因此具有较高的估计精度。EMMD 首先假设两极值点间的数据均匀分布,然后按积分中值定理计算局部均值,因为利用信号的所有数据,其均值估计精度进一步提高。

在 EMMD 方法之后,胥永刚[120]又提出一种改进的极值域均值模式分解算法(improved extremum field mean mode decomposition,IEMMD),进一步提高了求解局部均值的速度和精度。IEMMD 算法的描述如下。

IEMMD 算法不需要假定两极值点间的数据均匀分布。如图 5.6 所示,首先求出原始数据 $x(t)$ 中所有局部极值点构造极值点序列 $e(t_i)$,

$i=1,2,\cdots,k$。然后,计算两相邻极值点间的局部均值序列 m_i,$i=1,2$,$\cdots$,$k-1$,即

$$m_i(t_\xi) = \frac{1}{t_{i+1}-t_i+\Delta t}\sum_{t=t_i}^{t_{i+1}}x(t) \tag{5.28}$$

由于 $e(t_i)$ 中极大值点和极小值点间隔排列,即在局部极大值和局部极小值之间,局部均值 m_i 与信号有一个相交点,记该相交点对应的时间为 $t_{\xi1}$。同理,在下一段波形中,m_{i+1} 与信号也只有一个交点,记其对应的时间为 $t_{\xi2}$。

设 m_i 在原始数据中介于 $x(t_j)$ 和 $x(t_{j+1})$,此时 $1\leqslant j\leqslant k-1$,有

$$t_{\xi i}=t_j+\frac{|m_i-x_j|\times(t_{j+1}-t_j)}{|x_{j+1}-x_j|} \tag{5.29}$$

且 $t_{\xi i}\in[t_j,t_{j+1}]$。然后就可以用两个相邻的局部均值 $m_i(t_{\xi1})$ 和 $m_{i+1}(t_{\xi2})$ 加权平均求 t_{i+1} 处极值点的局部均值 $m(t_{i+1})$,即

$$m(t_{i+1})=k(t_i)\times m_i+k(t_{i+1})\times m_{i+1} \tag{5.30}$$

其中,$k(t_i)$ 和 $k(t_{i+1})$ 是通过相似梯形得到的加权系数,即

$$k(t_i)=\frac{t_{\xi2}-t_{i+1}}{t_{\xi2}-t_{\xi1}} \tag{5.31}$$

$$k(t_{i+1})=\frac{t_{i+1}-t_{\xi1}}{t_{\xi2}-t_{\xi1}} \tag{5.32}$$

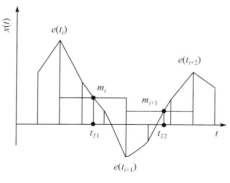

图 5.6　信号、极值点与局部均值的关系

图 5.7 为 EMMD 方法和 IEMMD 方法对某一模拟信号求解局部均值的波形图,其中 a 为原始信号,b 为 EMMD 方法求出的局部均值曲线,c 为 IEMMD 方法求出的局部均值曲线,可以看出 IEMMD 方法的估计精度更高。

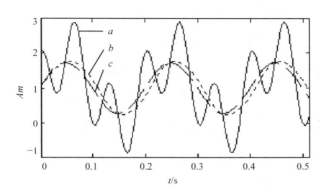

图 5.7　EMMD 和 IEMMD 求解信号局部均值

IEMMD 算法在求局部均值时既考虑 m_i 对应时间位置,又使用局部信号的全部数据,可以提高局部均值的计算精度,使 EMD 后续步骤分解出的 IMF 有更高的精度和时频分辨率。

（2）边界效应问题与信号延拓

由于非平稳信号在边界多是不连续的,EMD 方法对其进行分解时,在数据的两端会产生浸染现象。随着分解的深入,浸染现象可能"感染"整个数据序列,导致后面的 IMF 越来越失真,这就是 EMD 的边界效应问题。为了解决这个问题,研究者提出一些抑制边界效应的方法,包括直接对原始数据进行简单延拓法、基于神经网络的数据延拓法、边界波形匹配预测法、极值点延拓法等。这些方法对抑制端点效应都有一定的效果。

基于 SVM 的非线性时间序列预测方法,具有更高的预测精度[121]。因此,可以利用 SVM 对数据序列进行双边延拓,从而在原始数据序列两端得到若干个附加的局部极值点,经过 EMD 后,再对 IMF 进行截取,从而将边界效应引起的"感染"隔离到支撑数据区外端。

如图 5.8 所示,构建原始信号 $x(t) = \sin(200\pi t) + \sin(100\pi t)$,采样频率为 2000Hz,采样点 512 个。对其进行基于 SVM 的双边延拓算法之后,再做 EMD。图 5.8(a)为双边延拓的结果,SVM 在数据两端各增加 50 个数据点,即增加采样时间 0.356s。图 5.8(b)为双边延拓后的信号经过 EMD 后得到 IMF,再舍弃 IMF 两端各 50 个数据点的波形。可以看出,与传统的 EMD 方法相比,两个 IMF 的 $c_1(t)$ 和 $c_2(t)$ 在边界处的畸变更小,可以较好地重构模拟信号中的两种已知振荡模式,而且余项 $r_2(t)$ 在两端的变形也有改善,更接近于实际值。

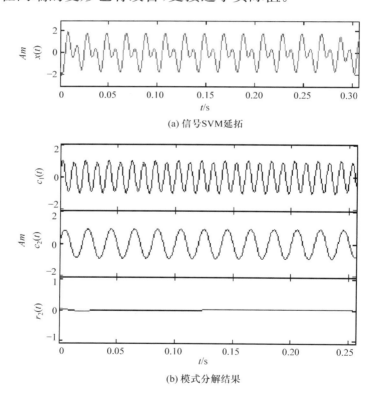

(a) 信号SVM延拓

(b) 模式分解结果

图 5.8　基于 SVM 的数据延拓与模式分解

5.3　基于经验模式分解的音频信息隐藏算法

　　IMF 函数可由局部极值充分描述,因此可以利用这些极值完全重构 IMF 函数[122]。IMF 中的高阶分解结果是信号的低频成分[123]。常规的信号处理方法对高阶分解结果的影响很小,因此可以选择这些分量的位置嵌入秘密数据。Wang 等[124]结合 EMD 和 PCM,将秘密数据嵌入 EMD 的残留分量中,但该方法不能抵抗带通滤波和剪切攻击。Zaman 等[125]结合 EMD 和希尔伯特变换,将秘密数据嵌入能量最高的 IMF 中。然而,最高能量的 IMF 也是音频信号的高频部分,因此其鲁棒性不强。

　　本书将秘密数据嵌入最后一个 IMF 的极值中,同时具备较好的鲁棒性和不可感知性。此外,不同于文献[124],[125],该方法仅基于 EMD,没有时频变换,增强了系统的实时性。量化索引调制技术具有良好的鲁棒性和非盲性[126]。对量化索引调制技术参数的正确选择可以保证秘密数据的嵌入不影响音频听觉质量。此外,嵌入的秘密数据与同步码相连接,可以正确定位秘密数据的位置,增强系统的抗去同步攻击性。基于时间域的同步方法的优点是搜索同步码时的计算复杂度较低。

5.3.1　秘密数据嵌入位置分析

　　由于 EMD 后的 IMF 及其极值的数量取决于每一帧原始信号的特征,因此在每个 IMF 分量中嵌入的比特数是不相同的。一组秘密数据和同步码不是嵌入在同一个 IMF 极值点中。一般情况下,每一帧信号最后 IMF 极值的数量比秘密数据序列长度要小。如果设定同步码和秘密数据的比特数分别为 N_1 和 N_2,则嵌入的二进制序列的长度等于 N_1 $+N_2$。这么长的序列可能分布于几个连续帧的 IMF 极值中。此外,对同一段秘密数据采用多次（P 次）嵌入的方法。最后，对 IMF 进行 EMD 重构，连接各帧后得到携密音频信号（图 5.9）。提取时，对携密音频信号分帧后，进行 EMD，在最后一个 IMF 中寻找同步码后，得到二进制数据序列（图 5.10）。

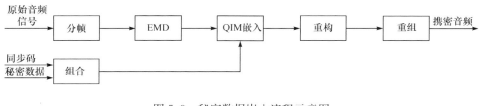

图 5.9　秘密数据嵌入流程示意图

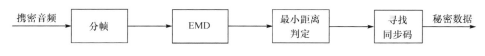

图 5.10　秘密数据提取流程示意图

EMD 是完全数据驱动的，因此在嵌入秘密数据前后其分解得到的 IMF 数量完全相等。如果 IMF 的个数不同，便不能从最后的 IMF 中提取秘密数据。为了解决这个问题，对携密音频进行 EMD 时，其 IMF 数量强制设定为与嵌入时 IMF 数量相同。由于提取秘密数据时不需要原始音频信号，因此本方案是盲提取方案。

5.3.2　基于经验模式分解的音频信息隐藏算法设计

1. 同步码

设 U 为原始同步码，V 为相同长度的未知序列，T 为预先定义的阈值，对 U 和 V 按位进行比较，当不同点的数量低于阈值时，则认为 V 是同步码。

2. 嵌入

同步码和秘密数据组成一个二进制序列。这个二进制序列的嵌入过程如图 5.9 所示,详细描述如下。

步骤 1,对原始音频进行分帧,得到互不重叠的音频帧。

步骤 2,对音频帧进行 EMD,得到固态模式分量 IMF 及残余分量 r。

步骤 3,在最后一个固态模式分量 IMF 的极值点,按照均匀量化的方法嵌入秘密数据,量化值,即

$$y=\begin{cases} \lfloor x/d \rfloor \cdot d+\mathrm{sgn}(3d/4), & w=1 \\ \lfloor x/d \rfloor \cdot d+\mathrm{sgn}(d/4), & w=0 \end{cases} \tag{5.33}$$

其中,$\lfloor \cdot \rfloor$ 表示向下取整;d 是量化步长;w 是秘密数据;x 是最后一个固态模式分量中的极值点;sgn 表示符号函数,当 x 是极大值时取"＋",当 x 是极小值时取"－";

步骤 4,利用修改后的最后一个 IMF 和步骤 2 中的其他分量,恢复出携密音频信号。

步骤 5,重复步骤 2～4,直到所有秘密数据嵌入完成。

3. 提取

提取秘密数据时,首先将携密音频信号划分为等长度的音频信号帧,对每一帧音频信号进行 EMD。利用式(5.34)提取二进制序列。通过逐位滑动窗口检测同步码以定位秘密数据的嵌入位置。设 $y=\{m_i^*\}$ 为提取出的二进制序列,U 为原始的同步码序列。秘密数据提取的框图如图 5.10 所示,具体步骤如下。

步骤 1,按照嵌入秘密数据时相同的分帧方法,对将携密音频信号进行分帧。

步骤 2,对音频帧进行 EMD,得到基本模式分量和残余分量。

步骤 3,挑选出最后一个基本模式分量的极值。

步骤 4,根据极值大小,提取秘密数据,方法为

$$w' = \begin{cases} 1, y - \lfloor y/d \rfloor d \geqslant \operatorname{sgn}(d/2) \\ 0, y - \lfloor y/d \rfloor d < \operatorname{sgn}(d/2) \end{cases} \tag{5.34}$$

步骤 5,设定长度为 N_1 的滑动窗,并从提取出的秘密数据中取出前 N_1 个序列。

步骤 6,将 N_1 个秘密数据信息序列与同步码逐位比较,当其相似度大于某一阈值时,则认为这 N_1 个序列是同步码信息,并跳转到步骤 8;否则,继续步骤 7。

步骤 7,将滑动窗向后移动 1 位,重新组建 N_1 个秘密数据序列,并重新校验同步码相似度。

步骤 8,逐位比较第二个提取出的分段 $V' = y(I + N_1 + N_2, I + 2N_1 + N_2)$ 和 U 的相似度。

步骤 9,对 I 增加 $N_1 + N_2$ 位,如果 I 与秘密数据序列长度相等,转到步骤 10;否则,重复步骤 7。

步骤 10,对提取出的秘密数据进行校验,得到秘密数据。

秘密数据嵌入和提取的整个过程如图 5.11 所示。

5.3.3 性能分析与实验结果

对所提方法的检验指标有嵌入容量、SNR、BER、NC 和同步码错误率。

对算法嵌入容量的定量描述采用每秒音频信号嵌入的秘密数据位数。

根据国际唱片业协会的建议标准,携密音频信号的信噪比应超过 20dB。

使用误码率对信号处理攻击后秘密数据检测的准确性进行检验,

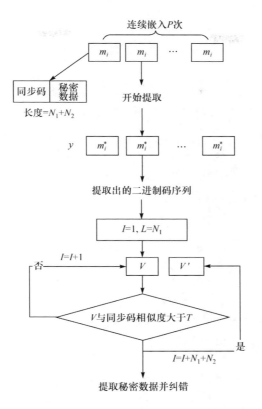

图 5.11 秘密数据嵌入与提取流程

其定义为

$$\mathrm{BER}(w, w') = \frac{\sum\limits_{i=1}^{M} \sum\limits_{j=1}^{N} w(i,j) \oplus w'(i,j)}{M \times N} \qquad (5.35)$$

其中,$\oplus$ 表示异或;$M \times N$ 是二值秘密数据图像的大小;w 和 w' 分别表示原始秘密数据二进制序列和提取出的秘密数据二进制序列。

利用归一化互相关系数定量描述原始秘密数据和提取出的秘密数据之间的相似性,其定义为

$$\mathrm{NC}(w,w') = \frac{\sum_{i=1}^{M}\sum_{j=1}^{N} w(i,j) \times w'(i,j)}{\sqrt{\sum_{i=1}^{M}\sum_{j=1}^{N} w^2(i,j)} \times \sqrt{\sum_{i=1}^{M}\sum_{j=1}^{N} w'^2(i,j)}} \tag{5.36}$$

NC 数越大,表明信息隐藏方案的鲁棒性越强。

在对同步码校验时,会出现两种类型的错误,即存伪率(false positive error,FPE)和弃真率(false negative error,FNE)。文献[127]对这两类错误进行了描述,其定义为

$$P_{\mathrm{FPE}} = \frac{1}{2^p}\sum_{k=p-\tau}^{p} C_p^k \tag{5.37}$$

$$P_{\mathrm{FNE}} = \frac{1}{2^p}\sum_{k=p+\tau}^{p} C_p^k (\mathrm{BER})^k (1-\mathrm{BER})^{p-k} \tag{5.38}$$

其中,p 表示同步码的长度;T 表示阈值;FPE 表示在错误的位置检测到同步码;FNE 表示漏检真正的同步码信号。

为了检验方案的效果,对四种音乐类型进行分析,即古典乐、爵士乐、流行乐和摇滚乐。音频采样频率为 44.1kHz,位深为 16bit。秘密数据 w 为 $M \times N = 40 \times 40 = 1600$ 位的二进制位图(图 5.12)。将二维图像转换为一维二进制序列。同步码使用 16bit 巴克码 1111100110101110。为了取得不可感知性、嵌入容量和鲁棒性之间的良好折中,将 320 个音频采样点作为一帧音频帧,阈值 T 设置为 4,S 固定为 0.98。

(1) 不可感知性

对信息隐藏方案不可感知性的评价可以采用主观听力打分或客观计算的方法。本书采用客观评价的方法,即通过信噪比和 ODG 进行评价。表 5.1 列出了四种音频类型携密音频信号的信噪比和 ODG 值。可以看出,SNR 都在 20 dB 以上,符合国际唱片业协会标准。ODG 值介于 -1 与 0,表明音频质量良好。图 5.13 是一段流行音乐信号及其携密音频的比较,可以看出其差别很小。

表 5.1 算法感知透明性能

音频类型	古典	爵士	流行	摇滚
信噪比/dB	25.67	26.38	24.12	25.49
ODG	−0.5	−0.4	−0.6	−0.5

图 5.12 二值秘密数据图像

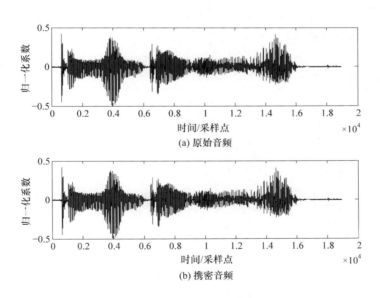

图 5.13 原始音频信号和携密音频信号对比

(2) 鲁棒性

为了评价信息隐藏方案的鲁棒性,对携密音频信号进行如下处理。

① 加噪。在携密音频信号中，加入信噪比为 20dB 的高斯白噪声。

② 滤波。利用维纳滤波器对携密音频信号进行滤波。

③ 剪切。随意选取携密音频信号的 13 个位置，将 512 个采样点剪切，并利用加高斯白噪声后携密音频信号相应位置的信号代替。

④ 重采样。原始采样频率为 44.1kHz，对音频信号进行 22.05kHz 的降频采样，然后再进行 44.1kHz 的升频采样。

⑤ MP3 压缩。利用 MP3 压缩软件对携密音频信号进行 64Kbit/s 和 32Kbit/s 和压缩，然后再进行解压缩。

⑥ 重量化。对位深为 16bit 的携密音频信号降低位深为 8bit，然后再升高到 16bit。

表 5.2 是一段流行音乐的携密音频信号在不同攻击情况下的 NC 值和 BER 数值。可以看出，NC 值都在 0.9482 以上，大部分情况下的 BER 值都低于 3%。提取的秘密数据在视觉上与原始秘密数据十分相似，表明该方法对流行音乐信号的鲁棒性。

表 5.2　算法的鲁棒性能

攻击类型	BER/%	NC	提取出的秘密数据	攻击类型	BER/%	NC	提取出的秘密数据
无攻击	0	1		重采样	3	0.9783	
高斯白噪声	0	1		MP3 压缩 64Kbit/s	0	0.9996	
滤波	6	0.9482		MP3 压缩 32Kbit/s	1	0.9876	
剪切	0	1		重量化	0	1	

　　表 5.3 是其他三种音频信号类型的鲁棒性能测试结果。可以看出,其 NC 值都在 0.9964 以上,BER 值都在 3% 以下。尽管音频文件的感知特征不同,但 EMD 分解可以自适应地抵消这个差别。

表 5.3　不同音频类型下算法鲁棒性能

攻击类型	BER/%			NC		
	摇滚	爵士	古典	摇滚	爵士	古典
无攻击	0	0	0	1	1	1
高斯白噪声	0	0	0	1	1	1
滤波	0	3	0	1	0.9964	1
剪切	0	0	0	1	1	1
重采样	1	2	2	0.9989	0.9983	0.9986
MP3 压缩(64Kbit/s)	0	0	0	1	1	1
MP3 压缩(32Kbit/s)	0	1	0	1	0.9973	1
重量化	0	0	0	1	1	1

　　表 5.4 将近期提出的几种音频信息隐藏方案和本书的方案在嵌入容量和 MP3 压缩攻击下的鲁棒性进行了比较。可以看出,本方法的嵌入容量最大。同时,当 MP3 压缩比特率为 32Kbit/s 时,本方法提取的秘密数据 BER 只有 1%。

表 5.4　算法性能的横向比较

项目	本书算法	文献[127]	文献[128]	文献[129]	文献[130]	文献[131]
容量/(bit/s)	46.9~50.3	45.9	43	21.5	2.3	4.2
MP3 压缩比特率/(Kbit/s)	32	32	80	96	56	32

（3）影响提取正确率的因素

　　图 5.14 是 FPE 与同步码长度 p 的关系图,可以看出,随着 p 的增加,FPE 趋向于 0,当 p 大于 16 时,FPE 完全接近于零,这证实了本书同步码长度选择恰当。图 5.15 是 FNE 与嵌入秘密数据比特长度的关系图。可以看出,随着嵌入比特长度的增加,FNE 趋向于 0。由于本书嵌入的秘密数据比特是 1600bit,因此其 FNE 很低。

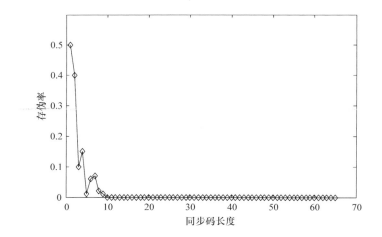

图 5.14　存伪率与同步码长度关系

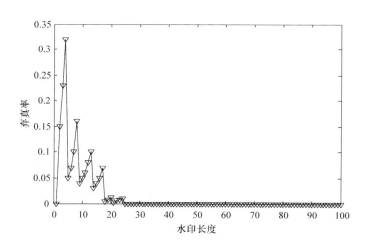

图 5.15　弃真率与秘密数据长度的关系

5.4　分析结论

　　本章以 EMD 为基础研究基于 EMD 的音频信息隐藏相关技术问题,如 EMD 遇到的精度提高和抑制端点效应、秘密数据嵌入位置和嵌入方法。通过对音频帧两端进行延拓可以解决端点效应,将秘密数据嵌入最后一个基本模式分量的极值中的方法,对音频信号听觉质量影响有限的同时,携密音频的鲁棒性较强,实验部分给出了六类常见信号处理攻击情况下,信息隐藏系统的鲁棒性结果。实验结果显示,当同步码长度和嵌入的秘密数据长度达到一定长度时,系统的弃真率和存伪率显著下降。

第 6 章　基于倒谱分析的音频信息隐藏算法

倒谱域隐藏算法是频域音频信息隐藏算法[132,133]的一个分支,也可以称为对数频谱域算法[134-137]。这种算法对同步结构的变化不敏感,因此对时间伸缩、变调等时域攻击的鲁棒性较好。本章首先分析倒谱算法特点优势,然后分析现有倒谱域信息隐藏算法不足,并针对其运算过程会改变音频信号倒谱系数的缺点进行改进,提高算法透明性和鲁棒性。

6.1　倒谱分析特点

一般把功率谱对数值的逆傅里叶变换称为倒谱,又称作功率倒频谱。倒谱分析[138,139]是一种同态映射,在进行语音信号处理时是一种非常有效的特征提取手段。语音信号的倒谱分析可以分为傅里叶变换、对数运算和逆傅里叶变换。

音频信号的倒谱系数有两个优点:一是倒谱系数之间具有很大的非相关性,二是倒谱能量主要集中在零点附近。因此与时域的原始信号相比,倒谱系数抵抗信号处理攻击的能力更强,尤其是对于时间伸缩(time-scaling)攻击和变调(pitch-shifting warping)攻击。

6.2　倒谱域音频信息隐藏算法

6.2.1　秘密数据嵌入和提取

倒谱分析在语音分析和识别的研究中已被广泛采用。由于音频信号的倒谱系数具有很大的非相关性,且倒谱能量主要集中在零点附近,可以根据倒谱系数分布将秘密数据扩展到音频信号的几个倒谱分量中,使每个分量的能量都较小而不易被检测出来,从而保证对无意或有意的攻击具有较高的安全性[140]。

时域音频信号 $s(n)$ 可使用傅里叶变换、复对数运算,以及逆傅里叶变换转化为实倒谱,即

$$c(n)=\text{IFFT}(\log(|\text{FFT}(s(n))|)) \tag{6.1}$$

通过在倒谱域中嵌入秘密数据将 $c(n)$ 变成 $\hat{c}(n)$,然后经对其进行逆变换至时域得到音频信号 $\hat{s}(n)$,即

$$\hat{s}(n)=\text{IFFT}(\exp(\text{FFT}(\hat{c}(n)\times e^{j\angle s(n)}))) \tag{6.2}$$

其中,$\angle s(n)$ 表示从 $\text{FFT}(s(n))$ 所产生的相位谱。

嵌入过程包括两个主要步骤。

步骤 1,计算偏置平均值 D,即

$$D=\frac{\sum_{i=1}^{N-1}c(i)}{N-1} \tag{6.3}$$

$c(n)$ 减去偏置平均值 D 得到 $c'(n)$,即

$$c'(n)=c(n)-D \tag{6.4}$$

步骤 2,在指定的范围 I^c 内,如果嵌入数据 $W_m=0$,倒谱保持不变;如果嵌入数据 $W_m=1$ 时,$c'(n)$ 改为 $\hat{c}(n)$,即

$$\hat{c}(n)=\begin{cases}c'(n)+\alpha, & c'(n)<0\&n\in I^c \\ c'(n), & c'(n)\geqslant0\&n\in I^c\end{cases} \tag{6.5}$$

其中,I^c 范围选为 $[65,1983]$;α 的值为 $4/M$,M 表示在 I^c 范围内满足 $c'(n)<0$ 这个条件的 c' 个数。

另外,当嵌入数据 $W_m=0$ 时,$\hat{c}(n)$ 在一帧内的总和为 0,当嵌入数据 $W_m=1$ 时,则为 4。因此,可以通过将每一帧的倒谱系数和与阈值 T' 进行比较来提取秘密数据,即

$$W_m = \begin{cases} 1, & \sum_{n \in I'} \hat{c}(n) \geqslant T' \\ 0, & \text{其他} \end{cases} \tag{6.6}$$

其中, T' 取值为 3。

6.2.2　算法存在的不足

　　该算法在秘密数据嵌入过程中需要将倒谱系数减去一个偏置平均值,这就使得音频信号的倒谱系数发生了较大的变化。同时,在秘密数据嵌入过程中,需要利用参数 α 对倒谱系数进行改变,因此变化后的倒谱系数经逆倒谱变换为时域音频信号后,帧能量会发生比较大的改变,必然造成时域信号在听觉上产生一定的失真,导致携密音频信号的透明性受到影响。

　　由于嵌入过程对倒谱系数做了过多改变,导致算法抵抗信号处理攻击能力下降,影响算法鲁棒性。

　　算法没有对秘密数据进行预处理,在数据秘密传输过程中少了一层保护,安全性不高。

6.3　算 法 改 进

　　通过对现有倒谱域音频信息隐藏算法的分析研究,发现其运算过程使倒谱系数发生了改变,影响透明性和鲁棒性。针对其不足,本节提出改进方案。其基本思想是尽量不改变音频信号变换后的倒谱系数,而是利用一帧中两个子块的倒谱系数平均值之间的不等关系来嵌入秘密数据。这样做虽然也会对倒谱系数产生影响,但通过调整,可以使帧能量保持不变,这就避免了因倒谱系数发生变化而使原始音频信号产生比较明显的失真,提高算法透明性和鲁棒性;同时利用 Arnold 变换对秘密数据进行预处理,可以提高算法安全性。算法流程如图 6.1

所示。

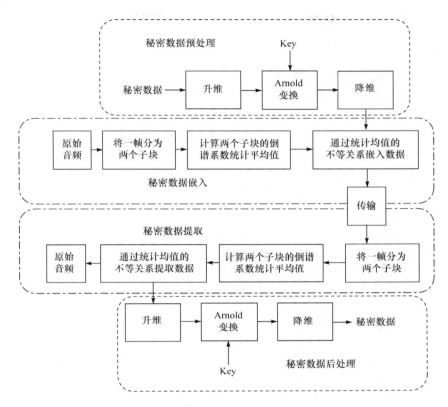

图 6.1　改进的倒谱域音频信息隐藏算法流程图

由图 6.1 可知,改进算法包含四个主要步骤。

① 在发送端对秘密数据进行置乱加密预处理。

② 将加密后的数据嵌入音频。

③ 在接收端将数据从携密音频中提取出来。

④ 对数据进行解密处理,得到原始秘密数据[141]。

6.3.1　秘密数据预处理及嵌入

1. 秘密数据预处理

秘密数据预处理主要通过 Arnold 变换对秘密数据进行置乱完成,

Arnold 变换最初被用于图像数据的置乱处理,以增强秘密数据的安全性。对一幅 $N \times N$ 的图像进行二维 Arnold 变换的公式如下,即

$$\begin{bmatrix} x' \\ y' \end{bmatrix} = \begin{bmatrix} 1 & 1 \\ 1 & 2 \end{bmatrix} \begin{bmatrix} x \\ y \end{bmatrix} \bmod N, \quad x,y \in 0,1,\cdots,N-1 \quad (6.7)$$

其中,(x,y) 表示图像变换前的元素位置;(x',y') 表示图像变换后的元素位置。

为了增强数据安全性,可以按照式(6.7)对图像元素进行多次迭代置乱。本书设定迭代次数为 3,并将其作为 Arnold 变换的密钥,最后得到一幅置乱的图像,对其进行逐行扫描,得到置乱后的一维秘密数据。

在本章的改进算法中,秘密信息可以是图像,也可以是一维数据。如果待隐藏的秘密信息是一维数据,则可以将其先升维后再进行 Arnold 变换。

2. 秘密数据嵌入

该算法利用原始语音信号每一帧中两个子块内倒谱系数平均值的不等关系嵌入秘密数据。首先,在一帧中分别设定两个范围 I^A 和 I^B 用于统计平均值的分析和比较,其中 I^A 选为 $\{65,\cdots,544\} \bigcup \{1504,\cdots,2043\}$,$N^A$ 为 I^A 的样本数,I^B 选为 $\{545,\cdots,1503\}$,N^B 为 I^B 的样本数。I^A、I^B 和 $I^A \bigcup I^B$ 的倒谱系数统计平均值分别设为 M^A、M^B 和 $M^{A\cup B}$。

根据 M^A 和 M^B 之间的不等关系,可以嵌入 1bit 数据,秘密数据的嵌入过程主要包括以下几个步骤。

步骤 1,如果 $W_m = 1$ 且 $M^A - M^B < \varepsilon$,则 $c(i)$ 经式(6.8)运算变为

$$\hat{c}(i) = \begin{cases} c(i) - M^A + M^{A\cup B} + \dfrac{N^B T/2}{N^A + N^B}, & i \in I^A \\ c(i) - M^B + M^{A\cup B} - \dfrac{N^A T/2}{N^A + N^B}, & i \in I^B \end{cases} \quad (6.8)$$

其中,ε 作为阈值用来判断 M^A 和 M^B 的关系,本书将其设定为 0.002。

T 为实验值,目的是调整倒谱系数,使其变化尽量小,本书通过多次实验最终将其设定为 2。

步骤 2,如果 $W_m = 0$ 且 $M^B - M^A \leqslant \varepsilon$,则 $c(i)$ 经式(6.9)运算变为 $\hat{c}(i)$,即

$$\hat{c}(i) = \begin{cases} c(i) - M^A + M^{A \cup B} - \dfrac{N^B T/2}{N^A + N^B}, & i \in I^A \\[3mm] c(i) - M^B + M^{A \cup B} + \dfrac{N^A T/2}{N^A + N^B}, & i \in I^B \end{cases} \tag{6.9}$$

步骤 3,如果以上两种情况均不是,则倒谱系数 $c(i)$ 保持不变。

步骤 4,改变倒谱系数时,音频信号的帧能量必然也会跟着改变。为了防止帧能量的波动,将 $\hat{s}(n)$ 按照式(6.10)重新调整为 $\breve{s}(n)$,即

$$\breve{s}(n) = \hat{s}(n) \left[\dfrac{\displaystyle\sum_{i=0}^{N-1} s^2(i)}{\displaystyle\sum_{i=0}^{N-1} \hat{s}^2(i)} \right]^{1/2} \tag{6.10}$$

由于经过以上一系列运算后每一帧倒谱系数的统计平均值几乎没有改变,则 6.2 节描述的算法仍然可以用来在同一段音频中嵌入额外的秘密数据。因此,秘密数据的嵌入容量可以通过这两种算法的同时使用而增加一倍。当然,这样做必然会使得嵌入秘密数据后的语音信号透明性有所下降。

6.3.2　秘密数据提取

为了提取秘密数据,在接收端分别计算 I^A 和 I^B 范围内的倒谱系数平均值,为 $\widetilde{M}^A$ 和 $\widetilde{M}^B$,并通过式(6.11)来提取秘密数据 W_m,即

$$W_m = \begin{cases} 1, & \widetilde{M}^A > \widetilde{M}^B \\ 0, & \widetilde{M}^A \leqslant \widetilde{M}^B \end{cases} \tag{6.11}$$

由于 Arnold 变换具有周期性,一直对数据重复进行 Arnold 变换,可以得到原始数据,其周期根据原始矩阵阶数的不同而变换,如表 6.1

所示。

表 6.1　不同阶数时 Arnold 变换周期

阶数	2	3	4	5	6	7	8	9	10
周期	3	4	3	10	12	8	6	12	30
阶数	11	12	16	24	32	48	60	100	128
周期	5	12	12	12	24	12	60	150	96

因此,在接收端对提取出的数据先升维,然后按照式(6.7)根据初始变换次数 3 和表 6.1 进行 Arnold 迭代变换,最后得到原始秘密图像或者降维后得到原始秘密数据。

6.3.3　帧之间的平滑过渡

由于秘密数据嵌入过程以帧为单位,因此可能导致在帧结点的突变。这种突变往往导致不理想的嵌入效果,不但会降低音频质量,也会暴露秘密数据的位置。为了弥补这一缺陷,本书提出在突变的帧之间插入一个额外平滑过渡区,具体说明如下。

设 $d^k(i)$ 表示秘密数据嵌入后第 k 帧的波形偏差,如式(6.12)所示,即

$$d^k(i) = s^k(i) - s^k(i) \tag{6.12}$$

其中, $s^k(i)$ 和 $s^k(i)$ 分别表示原始音频信号和携密音频信号的第 i 个样本。

假设第 k 帧覆盖样本指数从 $t+1$ 至 $t+N$,第 $k+1$ 帧开始位置为 $t+N'+1$ 且 $N'>N$,则区间 $(t+N+1, t+N')$ 可以充当帧之间的缓冲边界,以减轻 $d^k(i)$ 的突变。本书采用分段保形三次插值法以达到平滑过渡的目的。通过从第 k 个和第 $k+1$ 个帧构成的已知点收集样本,在过渡区利用插值法得到未知点的偏差,即 $\{d^k(i) \mid i = t+N+1, \cdots, t+N'\}$ 。然后,音频信号修改为 $s^k(i) = s^k(i) + d^k(i), i = t+N+1, \cdots, t+N'$ 。通过大量实验人员对音频进行的主观听觉测试,证实音频信号在

音质方面有了较大改善,透明性有所提升。

6.4　仿真实验分析

6.4.1　透明性分析

国际组织 SDMI(Secure Digital Music Initiative)对携密音频的透明性提出要求:相对原始音频信号,携密音频信号的信噪比 SNR 应控制在 20dB 以上。为测试算法改进后的透明性,从几个 CD 专辑中收集3 段不同风格的录音,音频信号以 16bit 分辨率及 44.1kHz 的频率进行采样,待嵌入的秘密数据为一个 20bit 二进制序列。三段携密音频的信噪比 SNR 分别为 33.1dB、36.4dB 和 41.6dB,满足国际标准中的要求。三段不同类型录音的原始音频信号与携密音频信号的时域波形对比结果如图 6.2～图 6.4 所示。

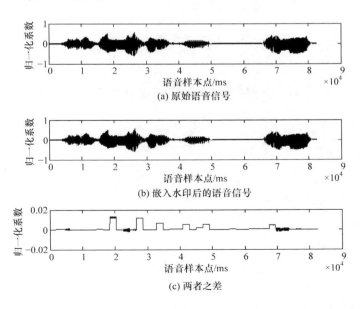

(a) 原始语音信号

(b) 嵌入水印后的语音信号

(c) 两者之差

图 6.2　在语音中嵌入数据前后音频信号对比图

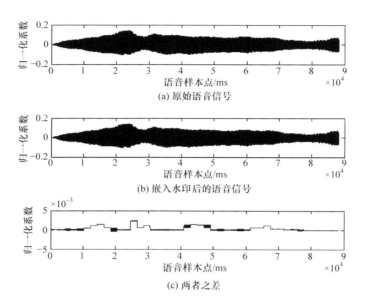

图 6.3　在纯音乐中嵌入数据前后音频信号对比图

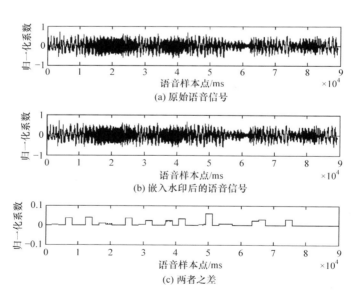

图 6.4　在歌曲中嵌入数据前后音频信号对比图

图 6.2～图 6.4 中横轴为时间轴；纵轴为归一化系数，由于嵌入数据前后音频归一化系数相差较小，因此将每图第三行纵轴刻度减小，相

当于对波形进行了放大,以便进行细致的观察,图 6.2 第三行波形放大了 50 倍,图 6.3 第三行波形放大了 40 倍,图 6.4 第三行波形放大了 10 倍(三幅图中第三行所示波形近似方波,这是由于对波形进行了放大造成的,正常显示时是锯齿状普通波形而并非方波)。

实验通过在不同类型的音频信号中嵌入秘密数据,并将嵌入数据前后的音频信号进行比对,结果表明算法改进后,秘密数据嵌入前后载体语音信号的波形变化很小,透明性良好。

6.4.2　鲁棒性分析

为了检验算法改进前后的鲁棒性,本书还测试了在下列攻击中秘密数据提取的正确率。

① 重采样。先将采样频率降低到 22.05kHz,然后将其还原为 44.1kHz。

② 重量化。先将秘密数据按 8bit 分辨率进行采样量化,然后按 16bit 分辨率进行采样量化。

③ 加高斯白噪声。在携密音频信号中加入均值为 0、均方差为 0.1 的高斯噪声。

④ 低通滤波。对携密音频信号采用截止频率为 8kHz 的巴特沃斯低通滤波器进行低通滤波。

⑤ 抖动。在每一帧的每 100 个样本中随机地删除或添加一个样本。

⑥ MPEG 压缩。在实验中,首先将音频信号压缩至 64Kbit/s,然后解压缩,再进行秘密数据的提取和检测。

⑦ 时移。对音频信号进行位移,位移量为帧长度的 3%,然后进行秘密数据的提取和检测。

⑧ 时间伸展。将携密音频信号在时域上扩展为原来的 1.03 倍。

⑨ 时间压缩。将携密音频信号在时域上压缩为原来的 0.97 倍。

表 6.2　两种算法鲁棒性对比

攻击类型	算法改进前 数据提取率/%		算法改进后 数据提取率/%	
	$W_m=1$	$W_m=0$	$W_m=1$	$W_m=0$
无攻击	100.00	100.00	100.00	100.00
重采样	100.00	100.00	100.00	100.00
重量化	100.00	100.00	100.00	100.00
加高斯白噪声	100.00	100.00	100.00	100.00
低通滤波	100.00	100.00	100.00	100.00
抖动	100.00	100.00	100.00	100.00
MPEG 压缩	100.00	99.97	100.00	99.97
时移(3%)	93.80	80.12	98.52	97.30
时间伸展(103%)	99.72	90.87	98.24	97.80
时间压缩(97%)	98.22	90.96	97.80	98.77

表 6.2 表明,算法改进前后算法对于不同的攻击方式都具有较好的鲁棒性。但是另一方面,算法改进前嵌入秘密数据为 0 的情况下,当携密语音载体遭受时移和时间压缩、伸展攻击[142]时,算法鲁棒性明显下降,而算法改进后这种情况下的鲁棒性明显提高,问题得到很好的解决。因此,从表 6.2 可以得出结论,算法改进后鲁棒性有所提高,尤其是对时移攻击和时间伸展、压缩攻击的抵抗能力得到明显的提升。

6.4.3　安全性分析

本章使用 Arnold 变换法对秘密数据进行加密预处理。下面对算法应用 Arnold 变换后的安全性进行分析验证,具体验证过程如下。

对于 Arnold 变换,给定初始迭代次数为 3,然后在接收端按照迭代次数分别为 4、5、6 来进行计算,得出的误码率如表 6.3 所示。

表 6.3　密钥错误时数据提取误码率

迭代次数	4	5	6
数据提取误码率/%	99.26	99.39	98.93

由表中数据可知,应用 Arnold 变换后,虽然计算复杂度增加,但秘密数据的安全性得到了大幅提升,只要不知道原始密钥,秘密数据几乎是不可能正确提取的。

6.5　双通道秘密数据嵌入算法

6.2 节和 6.3 节分析的两种倒谱音频信息隐藏算法都能在无干扰的情况下进行秘密数据嵌入。因此,本书提出利用这两种基于倒谱的信息隐藏算法形成一个兼顾透明性和鲁棒性的信息隐藏系统。具体来讲,就是利用改进后的算法嵌入秘密数据,利用改进前的算法嵌入同步标记。这种工作方式可以看作双通道信息隐藏,一个用来进行数据嵌入,另一个用作同步标记,如图 6.5 所示。在用来标记的通道中,数据位通常保持为 0,若出现 6 个连续的比特"1",则表示信息隐藏启动。图 6.5 对双通道信息隐藏进行了阐释,图中横轴为时间轴,纵轴表示数字信号的幅度。

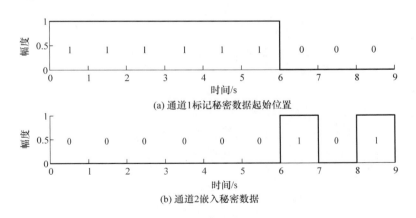

图 6.5　双通道秘密数据嵌入

6.6 分析结论

本章对一种基于倒谱分析的统计平均值音频信息隐藏算法进行了深入分析。由于算法使倒谱系数发生了改变，因此导致时域信号产生失真，影响算法透明性和鲁棒性，并且数据嵌入之前没有进行加密处理，安全性不高。针对这几点不足，我们对该算法进行了改进，对原始音频信号进行倒谱变换，利用每一帧前后两部分的倒谱系数的不等关系来嵌入秘密数据，然后调整帧能量，使其保持不变。实验结果表明，改进后算法的透明性良好，鲁棒性得到明显提升，尤其是抵抗剪切、时间压缩和时间伸展攻击的能力得到了加强。由于数据嵌入会引起帧节点的突变，引入三段保形插值方法，可以较好地解决帧之间的突变问题。提出利用改进前算法标记秘密数据其实位置，利用改进后算法嵌入秘密数据的双通道信息隐藏的设想，为信息隐藏技术的应用探索了新的途径。

第7章 基于能量比调整的自适应音频信息隐藏算法

目前常见的音频信息隐藏的算法研究大多是针对有线网络,如PSTN、互联网等,而适用于移动通信网络的音频信息隐藏算法相对较少。与有线网络相比,移动通信网络更便捷,更利于推广。从另一方面来看,移动通信网络的编码算法与有线网络有显著不同,许多音频隐藏算法难以抵抗移动通信网络中的压缩编码过程对信号造成的攻击,因此不适用于移动通信网络。本章提出一种适用于全球移动通信系统(GSM)移动通信网络的音频信息隐藏算法。

7.1 GSM 移动通信编解码技术

GSM 是由欧洲电信标准组织制订的一个数字移动通信标准。

目前 GSM 采用的是 13Kbit/s 的规则脉冲激励长期预测(RPE-LTP[143])编码算法,其优点是频谱占用率低,但通话质量较高,基本可以达到与固定电话通话质量一致[144]。

本书对 GSM 中语音信号 RPE-LTP 编码前后的特性进行分析,经实验验证,一段音频编解码前后能量值之比大多数在 $0.9\sim1.5$,且绝大多数落在 $0.9\sim1.3$,如表 7.1 所示。

表 7.1　GSM 编码前后能量比统计特性

语音段编码前后能量值之比	占总样本数的百分比/%
0.9~1.1	29
1.1~1.3	51
1.3~1.5	11
1.5~2.0	6
其他	3

由 GSM 系统中语音信号的这个统计特性可以看出,编解码前后相邻段语音的能量比值变化更小,结合 Patchwork 算法的基本思路,可将相邻两段语音的能量比值作为统计特征值,通过对这个特征值进行改变嵌入秘密数据。由于该统计特性在编解码后变化不大,因此在接收端仍然可以根据该统计特性提取秘密数据。

7.2　载体音频段自适应选取

3.1 节对人类听觉系统的掩蔽效应[145]进行了介绍和分析,本章就是利用这一特性提高隐藏算法的透明性。基本思想是当一段信号足够强时,就会把附近的一段弱信号掩盖,强信号越强,掩蔽作用越明显;利用强信号对弱信号的掩蔽作用,确定一个阈值,当一段音频信号的能量值超过这一阈值时,则可以嵌入秘密数据,否则就不能嵌入秘密数据。这样,虽然在一定程度上降低了信息隐藏容量,但是却大大提高了透明性和安全性。

7.3　基于能量比调整的自适应音频信息隐藏算法

根据 Patchwork 算法的基本思想,本章利用 GSM 编码前后语音段的能量比基本保持不变的统计特性来嵌入秘密数据。其流程如图 7.1

所示。

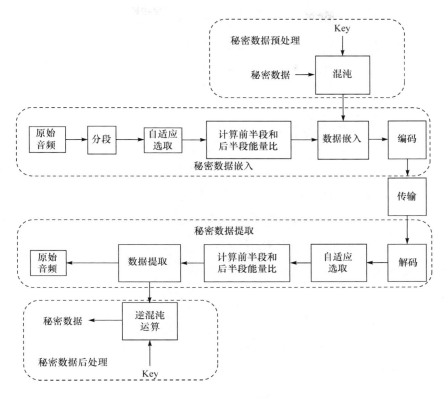

图 7.1　基于能量比调整的自适应音频信息隐藏算法流程图

由图 7.1 可知,算法包含四个主要步骤。

① 在发送端进行秘密数据预处理。

② 将加密后的数据嵌入符合要求的音频段。

③ 在接收端将数据从符合要求的携密音频段中提取出来。

④ 对数据进行解密处理,得到原始秘密数据。

7.3.1　秘密数据预处理及嵌入

1. 秘密数据预处理

主要采用 Logistic 混沌映射序列对秘密数据加密预处理。混沌现象是在非线性动力系统中出现的确定性的类随机过程,这个过程是非周期且不收敛的,对初始值有非常敏感的依赖性。常见的混沌序列[146,147]包括 Logistic 序列[148]、Tent 序列,以及 Chebyshev 序列等。本节使用 Logistic 序列对秘密数据进行置乱处理,因此重点研究介绍 Logistic 序列及其性能特征。

最基本的混沌过程为

$$x_{n+1} = \tau(x_n) \tag{7.1}$$

其中,$x_n \in V$,$n = 0,1,2,\cdots$;$\tau: V \to V'$ 是一个映射,将状态 x_n 映射到下一个状态 x_{n+1},从初始值 x_0 开始,反复使用式(7.1),最后得到一个序列 $\{x_n, n = 0,1,2,\cdots\}$,称为该系统的一条轨迹。

Logistic 序列是混沌映射中一种比较简单,但是实用性非常好、工程应用比较多的映射方法,即

$$x_{n+1} = ax_n(1 - x_n) \tag{7.2}$$

其中,$0 \leqslant a \leqslant 4$ 是分支参数。

通过选择合适的阈值,可以将混沌序列转化为适于计算、方便应用的二进制序列,即

$$g(x_n) = \begin{cases} 1, & 0.5 \leqslant x_n \leqslant 1 \\ 0, & 0 \leqslant x_n < 0.5 \end{cases} \tag{7.3}$$

秘密数据预处理包括混沌映射序列的生成和利用混沌序列对秘密数据进行置乱两步,具体过程如下。

步骤 1,根据式(7.3),选择一个合适的初始值 x_0,生成一个二进制混沌序列 $G = \{g(1), g(2), g(3), \cdots\}$,$g(i) \in \{0,1\}$。

步骤 2,将秘密数据 S 与第一步中生成的二进制混沌序列进行异或运算,变为 m 比特的秘密数据 S',即

$$s'(i) = s(i) \oplus g(i) \tag{7.4}$$

2. 秘密数据嵌入

信息嵌入算法主要包括语音分段、语音段自适应选取、计算能量

比,以及数据嵌入,具体过程如下。

步骤1,设 $R = \{R(j), 0 < j < N\}$ 为包含 N 个样本的普通语音,可以将其分为 K 段,即

$$r(k) = r(k \times L + j), \quad 0 < k < K \text{ 且 } 0 < j < L \tag{7.5}$$

其中, $r(k)$ 表示第 k 段语音; L 表示每段样本数。

理论上讲,为了保证处理后的秘密数据 S' 能够完全嵌入语音段 R 中,必须满足 $m \leqslant L$。这里取 $L = 160$。

步骤2,根据人类听觉系统的时域掩蔽效应,计算每一段语音的能量值,然后选择能量较大的语音段嵌入秘密数据,可以在一定程度上增强算法鲁棒性和透明性,即

$$E(k) = \sum_{j=0}^{L} (r(k \times L + j))^2 \tag{7.6}$$

设 T 为能量阈值,当 $E(k) \geqslant T$ 时,则该段语音符合要求,可以嵌入秘密数据;反之,当 $E(k) < T$ 时,则该段语音不符合要求,不作为秘密数据的嵌入段。

步骤3,分别计算满足要求的各段语音前 $L/2$ 个样本的能量和后 $L/2$ 个样本的能量,即

$$E_1 = \sum_{j=0}^{L/2-1} (r(k \times L + j))^2 \tag{7.7}$$

$$E_2 = \sum_{j=L/2}^{L} (r(k \times L + j))^2 \tag{7.8}$$

步骤4,选定一个较小的初始嵌入深度 $d = 1.1$,计算前 $L/2$ 个样本的放大增益 d_1,即

$$d_1 = \begin{cases} d \times E_2/E_1, & s'(i) = 1 \text{ 且 } E_1/E_2 < d \\ 1, & \text{其他} \end{cases} \tag{7.9}$$

步骤5,利用式(7.10)计算后 $L/2$ 个样本的放大增益 d_2,即

$$d_2 = \begin{cases} d \times E_1/E_2, & s'(i) = 1 \text{ 且 } E_2/E_1 < d \\ 1, & \text{其他} \end{cases} \tag{7.10}$$

步骤 6,利用两个放大增益值 d_1 和 d_2,将秘密数据 $s'(i)$ 嵌入原始语音段 r,即

$$r'(k \times L+j) = \begin{cases} r(k \times L+j) \times d_1, & 0 \leq j < L/2 \\ r(k \times L+j) \times d_2, & L/2 \leq j < L \end{cases} \tag{7.11}$$

最终获得携密语音 r'。

7.3.2 秘密数据提取

信息提取算法主要包括语音分段、语音段自适应选取、计算能量比、数据提取,以及数据解密,具体过程如下。

步骤 1,把接收到的携密语音分为 K 段,各段长度仍然为 L,即

$$r'(k) = r'(k \times L+j), \quad 0 < k < K \text{ 且 } 0 < j < L \tag{7.12}$$

步骤 2,计算每段能量值,如式(7.13)所示,当 $E(k) \geq T$ 时,继续进行下一步,即

$$E'(k) = \sum_{j=0}^{L} (r'(k \times L+j))^2 \tag{7.13}$$

步骤 3,计算每段前 $L/2$ 个样本和后 $L/2$ 个样本的能量值,即

$$E'_1 = \sum_{j=0}^{L/2-1} (r'(k \times L+j))^2 \tag{7.14}$$

$$E'_2 = \sum_{j=L/2}^{L} (r'(k \times L+j))^2 \tag{7.15}$$

步骤 4,根据式(7.16)可以得到秘密数据 $s''(i)$,即

$$s''(i) = \begin{cases} 1, & E'_1 > E'_2 \\ 0, & E'_2 \geq E'_1 \end{cases} \tag{7.16}$$

步骤 5,当嵌入深度 d 增大时,算法鲁棒性会得到提升,但与之相对立的是,嵌入秘密数据后的语音失真会增大,也就是算法的透明性会降低,因此需要通过一系列的迭代过程来最终确定最合适的嵌入深度 d 的值。

如果 $s''(i) = s'(i)$,则 d 不变;如果 $s''(i) \neq s'(i)$,则提高 d 的值,并

转回秘密数据嵌入过程的步骤 4。

步骤 6，根据 Logistic 序列的初始值 x_0 和秘密数据的长度，对 $s''(i)$ 进行解调，得到原始秘密数据 $s(i)$。

7.4　仿真实验分析

下面通过一系列的仿真实验对本章提出的算法的透明性、鲁棒性，以及安全性进行测试，并对测试结果进行详细说明。实验中的音频信号以 16bit 分辨率和 8kHz 的频率进行采样。嵌入数据则根据测试内容的不同在一个 20bit 二进制序列、一段文本和一张校徽的位图中进行选择。能量阈值 $T=0.1$，混沌序列初始值 $x_0=0.315$。

7.4.1　透明性分析

携密语音透明性的测试主要通过分段平均信噪比 SNR 和归一化相关系数来衡量。分段平均信噪比为各段语音信噪比的平均值，归一化相关系数的定义为

$$\rho(m,m') = \frac{\sum_i m(i)m'(i)}{\sqrt{\sum_i m(i)^2}\sqrt{\sum_i m'(i)^2}} \tag{7.17}$$

其中，m 为原始语音序列；m' 为变化后的语音序列。

归一化相关系数越接近 1，表明语音序列变化前后差异越小，反之亦然。

表 7.2 给出了在无攻击情况下，携密语音的分段平均信噪比 SNR 及与原始语音的归一化相关系数。

表7.2　携密语音信噪比与归一化相关系数

嵌入数据	携密语音信噪比/dB	归一化相关系数
一个20bit二进制序列	35.1	0.991
一段文本	31.4	0.983
一张校徽位图	29.5	0.957

从表7.2可以看出,在嵌入数据不同时,携密语音信噪比及与原始语音的归一化相关系数稍有不同,但相差不大,因此总体上在数据方面说明算法透明性良好。

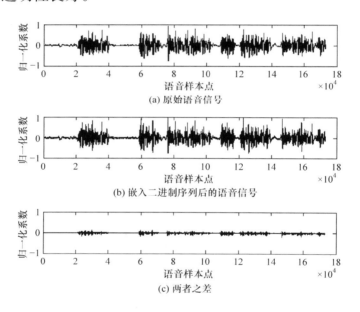

(a) 原始语音信号

(b) 嵌入二进制序列后的语音信号

(c) 两者之差

图7.2　嵌入二进制序列的携密语音与原始语音对比图

图7.2为嵌入20bit二进制序列的携密语音与原始语音的频谱对比图。图7.3为嵌入一段文本的携密语音与原始语音的频谱对比图。图7.4为嵌入一张位图的携密语音与原始语音的频谱对比图。可以看出,携密语音的频谱与原始语音的频谱相差较少,形象地说明算法透明性良好。

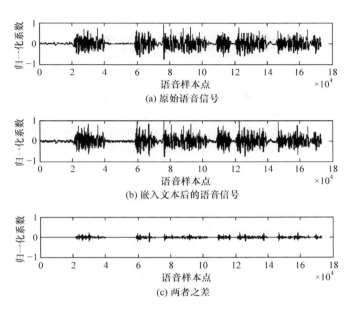

图 7.3　嵌入文本的携密语音与原始语音对比图

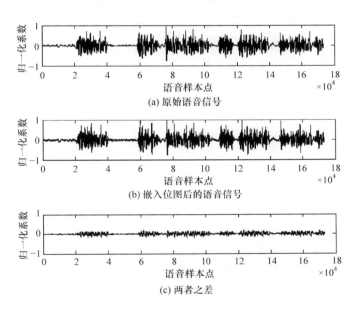

图 7.4　嵌入位图的携密语音与原始语音对比图

7.4.2 鲁棒性分析

对算法的鲁棒性测试分为两步,首先测试算法应对常见类型攻击的能力,但该算法的应用环境是针对移动通信系统,因此其抵抗 GSM 语音压缩编码的能力至关重要。因此,第二步就是对算法的抗语音压缩能力进行测试。

1. 常见攻击类型测试

为了检验算法的鲁棒性,首先测试在下列常见攻击类型的处理中秘密数据提取的正确率。在该测试中,嵌入数据采用一张校徽位图。

① 重采样。先将采样频率提高到 44.1kHz,然后再将其还原为 8kHz。

② 重量化。先将携密音频以 8bit 分辨率进行采样,然后再以 16bit 分辨率进行采样。

③ 加高斯白噪声。在携密音频中加入均值为 0、均方差为 0.2 的高斯噪声。

④ 低通滤波。对携密音频信号采用截止频率为 8kHz 的巴特沃斯低通滤波器进行低通滤波。

⑤ 抖动。在每一帧的每 200 个样本中随机地删除或添加一个样本。

⑥ 时移。对音频信号进行位移,位移量为帧长度的 2%,然后进行秘密数据的提取和检测。

⑦ 时间伸展。将携密音频信号在时域上扩展为原来的 1.05 倍。

⑧ 时间压缩。将携密音频信号在时域上压缩为原来的 0.95 倍。

表7.3　常规攻击方式下的秘密数据提取效果

攻击类型	提取率/%	提取效果	攻击类型	提取率/%	提取效果
无攻击	100.00		抖动	93.60	
重采样	100.00		时移(5%)	90.24	
重量化	100.00		时间伸展(105%)	98.63	
加高斯白噪声	100.00		时间压缩(95%)	97.92	
低通滤波	100.00				

　　从表7.3中校徽位图的提取效果和提取率来看,基于能量比调整的信息隐藏算法对于不同的攻击方式都具有较好的鲁棒性。

2. 抗语音压缩性能分析

　　抗压缩编码能力是衡量该算法的重要指标,也是移动通信环境对该信息隐藏算法的主要要求。为了对算法的抗压缩编码能力有一个充分地认识,实验采用两种不同的 GSM 标准下的语音为样本,对本章提出的算法、小波变换算法和离散傅里叶变换算法下的产生的携密语音进行压缩编码,然后提取携密语音中的秘密数据,并对三种算法的秘密数据提取率进行比较,结果如表7.4所示。

表7.4　抗压缩编码能力对比表

编码标准	常见基于小波变换的算法/%	常见基于 DFT 变换的算法/%	本章算法/%
GSM6.10	92.2	93.7	98.2
DCS1800	90.5	91.6	97.9

表 7.4 中数据表明,与常见的实用性好的频域信息隐藏算法相比,本章提出的算法可以很好地抵抗 GSM 语音压缩编码,携密语音在经过 GSM 编码后信息提取率比较高且很稳定,因此本章提出的算法抵抗压缩编码的能力良好。

7.4.3 安全性分析

本章提出的算法利用 Logistic 混沌映射序列对秘密数据进行了预处理。下面对该算法应用 Logistic 序列之后的安全性进行分析验证。

为了客观有效地验证算法应用 Logistic 混沌映射序列之后的安全性,将它与 m 序列做一个对比。m 序列具有伪随机序列的性质,同时其结构又是确定的,因此其安全性和实用性都非常好,具体实验过程如下。

① 对于 m 序列,采用十位寄存器,给定初始值为(0100011010),然后三次改变其初始值中的某一位,得到三个错误的初始密钥(0100111010)、(0101011010)、(0100011110),分别计算密钥正确和密钥错误情况下的秘密数据提取的误码率。

② 对于 Logistic 混沌映射序列,给定初始值 $x_0=0.2$,$a=3$,然后改变初始值为 $x_0=0.1999999999$、$x_0=0.1999999998$、$x_0=0.2000000001$,最后分别计算这四种情况下的秘密数据提取误码率,并与 m 序列的数据进行对比,如表 7.5 所示。

表 7.5 混沌序列与 m 序列安全性对比表

m 序列初始密钥	提取误码率/%	Logistic 混沌映射序列初始密钥	提取误码率/%
0100011010	0	0.2	0
0100111010	43.0637	0.1999999999	51.8233
0101011010	44.8462	0.1999999998	51.8233
0100011110	42.9675	0.2000000001	52.7426

由表 7.5 中的数据可以看出，Logistic 混沌映射序列初始值的改变比 m 序列初始值的改变要小得多，但是当应用 Logistic 混沌映射序列时，初始密钥错误情况下的秘密数据提取误码率要比 m 序列大，说明其安全性要优于 m 序列。

7.5　分析结论

本章首先对 GSM 通信的编解码体制进行分析和研究，通过实验得出 GSM 编解码后相邻两段语音的能量值之比基本保持不变的特点。其次，提出利用人类听觉系统的掩蔽效应进行音频段选取的方法。该方法提高了算法的透明性和安全性。在前两项研究的基础上，提出基于能量比调整的自适应音频信息隐藏算法，其基本原理是使用 Logistic 混沌映射序列对待隐藏的秘密数据进行加密预处理，将原始语音分段，计算每段能量值，与根据人类听觉系统掩蔽效应确定的能量阈值相比较，能量值大于该阈值的语音段作为载体嵌入秘密数据，将这些符合要求的语音段分为前后两段。根据两段能量值得比值关系嵌入秘密数据，在接收端则做相反的步骤，根据阈值判断得到符合要求的语音段，根据每段语音的前半段与后半段的能量值大小关系来提取嵌入的秘密数据，最后用 Logistic 混沌映射序列进行解调。本章的最后对提出的算法进行仿真实验分析，对其透明性进行主、客观测试，对其鲁棒性首先进行抵抗常规攻击方式能力的测试，然后重点测试其抵抗 GSM 压缩编码的能力，对其应用 Logistic 混沌映射序列的安全性也与 m 序列进行了比较分析。测试结果表明，该算法透明性、鲁棒性和安全性均良好，尤其是抵抗 GSM 压缩编码的能力非常突出。

第 8 章　基于余弦信号替代的同步算法

同步是信息隐藏技术的重要一环，其应用可以使信息隐藏算法抵抗一些时域的攻击，提高信息传输鲁棒性和安全性[149]。1.2.4 节介绍了现有同步技术，本章基于显式同步法和隐含同步法的特点，兼顾显式同步的简便和隐含同步的高安全性，提出一种显式同步和隐含同步相结合的同步方法——基于余弦信号替代的同步算法。

8.1　基于余弦信号替代的同步算法

基于余弦信号替代的同步算法是一种显式同步和隐含同步相结合的同步方法。其基本思想就是利用人为生成的某一频率余弦信号将音频中相同频率的余弦信号分量替换，并使用相关函数来识别这样的余弦信号，达到同步的目的。算法流程如图 8.1 所示。

首先，用滤波器通过迭代滤波将原始音频信号中某一频率分量滤除。然后，人为生成相同频率的信号，将两者叠加，得到自同步音频信号。在接收端则通过相同滤波器滤波得到同步位置。由于人类听觉系统对信号中的低频成分不敏感，因此选择替换音频信号中的 20Hz 频率分量，优点是人耳不易感知，同时可以增强同步算法的透明性。

8.1.1　同步信号的生成

算法需要人为生成一个 20Hz 的余弦波状信号，以 $\gamma\text{Sync}(k)$ 作为同步码，其中 γ 为调节因子，信号 $\text{Sync}(k)$ 为

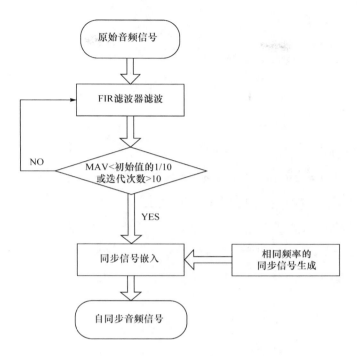

图 8.1　基于余弦信号替代的同步算法流程图

$$\mathrm{Sync}(k) = \begin{cases} \sin\left(\dfrac{2\pi k}{L_f}\right) \dfrac{\displaystyle\sum_{i-\lfloor L_f/2 \rfloor +1}^{L_f} -\sin(2\pi i/L_f)}{\displaystyle\sum_{i-157}^{\lfloor L_f/2 \rfloor} \sin(2\pi i/L_f)}, & k = 1,2,\cdots,\lfloor L_f/2 \rfloor \\[3mm] \sin\left(\dfrac{2\pi k}{L_f}\right), & k = \lfloor L_f/2 \rfloor +1, \lfloor L_f/2 \rfloor +2,\cdots,L_f \end{cases}$$

$$(8.1)$$

其中，$L_f = 2205$。

可调节因子 γ 用于增强同步信号，即

$$\gamma = \max\left\{ \sqrt{2}\,\mathrm{RMS}\big[\hat{s}_{20\mathrm{Hz}}(i)\big|_{\mathrm{cur\_frm}}\big], \sqrt{2}\,\mathrm{RMS}\big[s(i)\big|_{\mathrm{overall}}\big]10^{-35/20} \right\}$$

$$(8.2)$$

其中，RMS(·)表示均方根值函数；$\hat{s}_{20\mathrm{Hz}}(i)\big|_{\mathrm{cur\_frm}}$ 表示需要滤除部分的

和 ; $s(i)|_{overall}$ 表示整个音频信号的均方根值。

8.1.2　同步信号的嵌入和检测

1. 同步信号嵌入

嵌入同步信号前需要滤除原始语音信号中 20 Hz 频率成分。滤除操作是通过峰值滤波器的滤波来完成的。峰值滤波器是具有较长长度的零阶 FIR 滤波器,这样可以确保在滤波后得到一个比较狭窄的通带。同时,由于峰值滤波器的抽头数比较长,因此不可避免地会增加整个计算的负担,为了实现窄带要求和计算效率之间的平衡,本章提出的同步算法在对音频信号进行过滤操作时,将峰值滤波器的参数设定如下,即

$$
h(k) = \begin{cases}
(-1)^{\rho}\cos\left(\rho 2\pi \dfrac{k}{L_f}\right)\left(0.54 - 0.46\cos\left(2\pi \dfrac{k}{2L_f/3-1}\right), & 0 \leqslant k < \dfrac{L_f}{3} \\[4mm]
(-1)^{\rho}\cos\left(\rho 2\pi \dfrac{k}{L_f}\right), & \dfrac{L_f}{3} \leqslant k < \dfrac{2L_f}{3} \\[4mm]
(-1)^{\rho}\cos\left(\rho 2\pi \dfrac{k}{L_f}\right)\left(0.54 - 0.46\cos\left(2\pi \dfrac{k-L_f/3}{2L_f/3-1}\right), & \dfrac{2L_f}{3} \leqslant k < L_f
\end{cases}
$$

$$(8.3)$$

其中,$h(k)$ 是周期为 L_f/ρ 的余弦基函数,它的两端通过 Hamming 窗口逐渐变细,这里 ρ 取为 3,滤波器长度 L_f 为 2205。

一般情况下,一次滤波不能确保完全消除原始语音信号中 20 Hz 频率附近的分量,这就需要进行多次迭代滤波。在每次迭代过程中,用语音段内该频率成分的绝对平均幅度值(MAV)来衡量滤波效果,当 MAV 下降到初始值的 1/10 或迭代次数超过 10 次时,该迭代过程终止。

2. 同步信号检测

同步信号的检测比较简单,首先用相同的窄带滤波器来处理嵌入

秘密数据后的语音信号。由于在同步位置滤出的部分是人为生成的具有周期性的 20 Hz 余弦信号,因此可以将稳定的具有周期性的正峰值看作是帧位置的显著标志。

8.2　仿真实验分析

本节首先将同步算法应用在基于倒谱分析的音频信息隐藏算法中。不同同步攻击[150]情况下的秘密数据提取率如表 8.1 所示。

表 8.1　倒谱分析算法应用同步算法前后秘密数据提取率对比

攻击类型	基于倒谱分析的音频信息隐藏算法/%	
	应用同步算法前	应用同步算法后
时移 3%	97.91	99.82
时间伸展 1.03 倍	98.02	99.73
时间收缩 0.97 倍	98.29	99.79

表 8.1 中的数据表明,基于倒谱分析的音频信息隐藏算法在与基于余弦替换的同步算法结合后,其秘密数据提取率有所提升,算法应对时域攻击的能力得到加强。

将本章同步算法应用在第 7 章提出的基于能量比调整的自适应音频信息隐藏算法中,不同的同步攻击情况下的秘密数据提取率如表 8.2 所示。

表 8.2　能量比调整算法应用同步算法前后秘密数据提取率对比

攻击类型	基于能量比调整的自适应音频信息隐藏算法/%	
	应用同步算法前	应用同步算法后
时移 5%	90.24	96.32
时间伸展 1.05 倍	98.63	99.83
时间收缩 0.95 倍	97.92	99.67

表 8.2 中的数据表明,基于能量比调整的自适应音频信息隐藏算

法在与基于余弦替换的同步算法结合后,其秘密数据提取率有所提升,算法应对时域攻击的能力得到加强。

两个实验验证的结果说明,本章提出的同步算法性能良好,其应用可以提高音频信息隐藏算法的鲁棒性,尤其是抵抗时移和时间伸缩攻击的能力得到一定的提升。

8.3　分　析　结　论

本章提出一种基于余弦信号替换的同步算法,其基本思想是用窄带滤波器将原始音频信号中的 20 Hz 频率分量滤除,然后将人为生成的 20 Hz 频率的信号嵌入处理后的原始音频信号中作为同步码。同步信号的提取过程相对简单,利用与嵌入过程相同的窄带滤波器对语音信号进行滤波,正峰值的出现则可以看做是一帧的显著标志。仿真实验结果表明,应用该算法后,音频信息隐藏算法的鲁棒性和秘密数据提取率有了明显提升,因此该算法具有很好的同步效果。

参 考 文 献

［1］王炳锡,彭天强. 信息隐藏技术. 北京:国防工业出版社,2007.

［2］金聪. 数字水印理论与技术. 北京:清华大学出版社,2008.

［3］王颖,肖俊,王蕴红. 数字水印原理与技术. 北京:科学出版社,2007.

［4］Walter B,Daniel G,Norishige M,et al. Techniques for data hiding. IBM Systems Journal, 1996,35(3,4):313-336.

［5］Gruhl D,Bender W. Echo hiding// Proceedings of Information Hiding Workshop,1996:295-315.

［6］Petitcolas F A P,Anderson R J,Kuhn M G. Information hiding-a survey// Proceedings of the IEEE,1999,87(7):1062-1078.

［7］Gopalan K,Wenndt S J,Adams S F,et al. Audio steganography by amplitude or phase modification. Electronic Imaging 2003,5020:67-76.

［8］Cox I J,Kilian J,Leighton F T,et al. Secure spread spectrum watermarking for multimedia. IEEE Transactions on Image Processing A Publication of the IEEE Signal Processing Society,1997,6(12):1673-87.

［9］Kirovski D,malvar H S. Spread-spectrum watermarking of audio signals. IEEE Transactionson Signal Processing,2003,51(4):1020-1033.

［10］Yeo I K,Kim H J. Modified patchwork algorithm:a novel audio watermarking scheme. IEEE Transactions on Speech Audio Process,2003,11(4):381-386.

［11］Kalantari N K,Akhaee M A,Ahadi S M,et al. Robust multiplicative patchwork method for audio watermarking. IEEE Transactions on Audio, Speech, and Language Processing, 2009,17(6):1133-1141.

［12］Chen B,Wornell G W. Quantization index modulation:a class of provably good methods for digital watermarking and information embedding. IEEE Transactions on Information Theory,2001,47(4):1423-1443.

［13］袁中兰,温巧燕,钮心忻,等. 基于量化编码技术的声音隐藏算法. 通信学报,2002,23(5):108-112.

[14] Kalantari N, Ahadi S, Kashi A. A robust audio watermarking scheme using mean quantization in the wavelet transform domain// International Symposium on Signal Processing and Information Technology, 2007: 198-201.

[15] Cvejic N, Seppanen T. Increasing the capacity of LSB-based audio steganography//Multimedia Signal Processing, 2002 IEEE Workshop on. IEEE, 2002: 336-338.

[16] Cvejic N, Seppänen T. Increasingrobustness of LSB audio steganography using a novel embedding method//International Conference on Information Technology: Coding and Computing, 2004, 2: 533-537.

[17] Cvejic N, Seppanen T. Reduced distortion bit-modification for LSB audio steganography// International Conference on Signal Processing, 2004, 3: 2318-2321.

[18] Ahmed M A, Kiah M L M, Zaidan B B, et al. A novel embedding method to increase capacity and robustness of low-bit encoding audio steganography technique using noise gate software logic algorithm. Journal of Applied Sciences, 2010, 10(1): 59-64.

[19] Asad M, Gilani J, Khalid A. An enhanced least significant bit modification technique for audio steganography//International Conference on Computer Networks and Information Technology, 2011: 143-147.

[20] Bazyar M, Sudirman R. A new method to increase the capacity of audio steganography based on the LSB algorithm. Journal Teknologi, 2015, 74(6): 49-53.

[21] Shahadi H I, Jidin R, Way W H. Concurrent hardware architecture for dual-mode audio steganography processor-based FPGA. Computers & Electrical Engineering, 2016, 49(C): 95-116.

[22] Gruhl D, Lu A, Bender W. Echo hiding// International Workshop on Information Hiding, 1996: 293-315.

[23] Bender W, Gruhl D, Morimoto N. Method and apparatus for echo data hiding in audio signals. US 5893067 A, 1999.

[24] Xu C, Wu J, Sun Q, et al. Applications ofdigital watermarking technology in audio signals. Journal of the Audio Engineering Society, 1999, 47(10): 805-812.

[25] Ko B S, Nishimura R, Suzuki Y. A study on sound quality and embedding capacity of time-spread echo method for digital audio watermarking. Technical Report of Ieice Isec, 2002, 102: 125-130.

[26] Kim H J, Choi Y H. A novel echo-hiding scheme with backward and forward kernels.

IEEE Transactions on Circuits & Systems for Video Technology, 2003, 13(8): 885-889.

[27] Xiang Y, Peng D, Natgunanathan I, et al. Effective pseudo noise sequence and decoding function for imperceptibility and robustness enhancement in time-spread echo-based audio watermarking. IEEE Transactions on Multimedia, 2011, 13(1): 2-13.

[28] Hua G, Goh J, Thing V L L. Cepstralanalysis for the application of echo-based audio watermark detection. IEEE Transactions on Information Forensics & Security, 2015, 10(9): 1.

[29] 赵力. 语音信号处理(2 版). 北京: 机械工业出版社, 2012.

[30] Bender, Butera, Gruhl, et al. Applications for data hiding. IBM System Journal, 2000, 39(3): 547.

[31] Dong X, Bocko M F, Ignjatovic Z. Data hiding via phase manipulation of audio signals// IEEE International Conference on Acoustics, Speech, and Signal Processing, 2004.

[32] 同鸣, 姬红兵, 刘晓军, 等. 基于相位编码的音频信息隐藏方法. 计算机工程, 2008, 34(9): 7-9.

[33] Ngo N M, Unoki M. Method of audio watermarking based on adaptive phase modulation. Ieice Transactions on Information & Systems, 2016, E99. D(1): 92-101.

[34] He X, Scordilis M S. Improved spread spectrum digital audio watermarking based on a modified perceptual entropy psychoacoustic model// Proceedings of International Conference on Acoustics, Speech and Signal Processing, 2005: 283-286.

[35] 王小明, 颜斌, 吕文红. 基于线性干扰抵消的扩频语音信息隐藏算法. 计算机应用, 2010, 30(7): 1821-1824.

[36] Zhang Y, Xu Z, Huang B. Channelcapacity analysis of the generalized spread spectrum watermarking in audio signals. IEEE Signal Processing Letters, 2015, 22(5): 519-523.

[37] Xu Z, Ao C, Huang B. Channelcapacity analysis of the multiple orthogonal sequence spread spectrum watermarking in audio signals. IEEE Signal Processing Letters, 2015, 23(1): 1.

[38] Arnold M, Schmucker M, Wolthusen S D. Techniques andapplications of digital watermarking and content protection. Journal of Orthopaedic Trauma, 2003, 37(5): 412-418.

[39] Cvejic N, Seppanen T. Robustaudio watermarking in wavelet domain using frequency hopping and patchwork method. Image & Signal Processing & Analysis, Proceedings of International Symp, 2003, 1(1): 251-255.

[40] Xiang Y. Patchwork-based audio watermarking method robust to de-synchronization attacks. IEEE/ACM Transactions on Audio Speech & Language Processing, 2014, 22(9):

1413-1423.

[41] Moriya T,Takashima Y,Nakamura T,et al. Digital watermarking schemes based on vector quantization// Speech Coding for Telecommunications Proceeding,IEEE Workshop on. IEEE Xplore,1997:95,96.

[42] Moulin P,Briassouli A. Astochastic QIM algorithm for robust,undetectable image watermarking//International Conference on Image Processing,2004.

[43] Moulin P,Wang Y. Improved QIM strategies for gaussian watermarking//Digital Watermarking,International Workshop,Proceedings,2005.

[44] Moulin P,Goteti A K. Block QIM watermarking games. IEEE Transactions on Information Forensics & Security,2006,1(3):293-310.

[45] Moulin P,Goteti A K,Koetter R. Optimalsparse-QIM codes for zero-rate blind watermarking//IEEE International Conference on Acoustics,Speech,and Signal Processing,2004,3: iii-73-6.

[46] Vivekananda B K,Sengupta I,Das A. An audio watermarking scheme using singular value decomposition and dither-modulation quantization. Multimedia Tools and Applications, 2011,52(2):369-383.

[47] Zhao X,Guo Y,Liu J,et al. Logarithmic adaptive quantization projection for audio watermarking. Ieice Transactions on Information & Systems,2012,E95. D(5):1436-1445.

[48] Lang I A. Stirmark benchmark for audio. http://www. iti. cs. uni-magdeburg. de/~alang/ smba. php[2012-12-26].

[49] 孙冉. 适于可变码率数字音频的信息隐藏技术研究. 宁波:宁波大学硕士学位论文,2015.

[50] 樊昌信,曹丽娜. 通信原理. 北京:国防工业出版社,2006.

[51] Arnold V I,Avez A. Ergodic problems of classical mechanics. Mathematical Physics Monograph Series,1968.

[52] 吴鹤龄. 幻方与素数-娱乐数学两大经典名题. 北京:科学出版社,2012.

[53] Hilbert D. Über die stetige abbildung einer linie auf ein flächenstück. Mathematische Annalen,1891,(38):459-460.

[54] 苏步青. 高等几何讲义.上海:上海科学技术出版社,1964.

[55] 李超. 用线性取余变换造正交拉丁方和幻方. 应用数学学报,1996,19(2):231-238.

[56] Sonic Foundry. SONY sound forge pro. https://m. en. softonic. com/app/sound-forge-pro [2015-12-13].

［57］ Adobe Systems Incorporation. Adobe audition CC. http://www. adobe. com/products/au-dition. html［2016-05-08］.

［58］ Spanias A S. Speech coding: a tutorial review. Proceedings of the IEEE, 1994, 82(10): 1541-1582.

［59］ Rabiner L R, Schafer R W. 数字语音处理理论与应用(英文版). 北京:电子工业出版社, 2011.

［60］ Candès E J, Wakin M B. An introduction to compressive sampling. Signal Processing Mag-azine, 2008, 25(2): 21-30.

［61］ Donoho D L. Compressed sensing. IEEE Transactions on Information Theory, 2006, 52(4): 1289-1306.

［62］ Sreenivas T V, Bastiaan K W. Compressive sensing for sparsely excited speech signals// Proceeding of the International Conference on Acoustics, Speech and Signal Processing, 2009: 4125-4128.

［63］ 叶蕾,杨震,郭海燕. 基于小波变换和压缩感知的低速率语音编码方案. 仪器仪表学报, 2010, 31(7): 1569-1575.

［64］ 叶蕾,杨震,孙林慧. 基于压缩感知的低速率语音编码新方案. 仪器仪表学报, 2011, 32(12): 2688-2692.

［65］ Gunawan T S, Khalifa O O, Shafie A A, et al. Speech compression using compressive sens-ing on a multicore system// Proceeding of the 4th International Conference on Mechatron-ics, 2011: 1-4.

［66］ 郭金库,刘光斌,余志勇,等. 信号稀疏表示理论及其应用. 北京:科学出版社, 2013.

［67］ Christensen M G, Stergaard J, Jensen S H. On compressed sensing and its application to speech and audio signals// Conference Record of the Forty-Third Asilomar Conference on Signals, Systems and Computers, 2009: 356-360.

［68］ 俞一彪,袁冬梅,薛峰. 一种适于说话人识别的非线性频率尺度变换. 声学学报, 2008, 33(5): 450-455.

［69］ Ambikairajah E, Epps J, Lin L. Wideband speech and audio coding using gamma tone filter banks// Proceedings of the International Conference on Acoustics, Speech, and Signal Pro-cessing, 2001, 2: 773-776.

［70］ Irino T, Patterson R D. A dynamic compressive gamma chirp auditory filter bank. IEEE Transactions on Audio, Speech, and Language Processing, 2008, 14(6): 1044-1048.

[71] Figueiredo M A T, Nowak R D, Wright S J. Gradient projection for sparse reconstruction: application to compressed sensing and other inverse problems. Journal of Selected Topics in Signal Processing, 2007, 1(4):586-597.

[72] Hu Y, Loizou P. Subjective evaluation and comparison of speech enhancement algorithms. Speech Communication, 2007, 49:588-601.

[73] 范九伦,张雪锋. 分段 Logistic 混沌映射及其性能分析. 电子学报, 2009, 37(4):720-725.

[74] 赵莉,张雪锋,范九伦. 一种改进的混沌序列产生方法. 计算机工程与应用, 2006, 42(23):31-33.

[75] 胡学刚,王月. 基于复合混沌系统的图像加密新算法. 计算机应用, 2010, 30(5):1209-1210.

[76] 芮义鹤. M 序列的构造原理及方法. 合肥:合肥工业大学硕士学位论文, 2003.

[77] 胡铭. 基于 Logistic 系统的序列加密算法改进与应用研究. 成都:成都理工大学硕士学位论文, 2007.

[78] 求是科技. MATLAB 7.0 从入门到精通. 北京:人民邮电出版社, 2006.

[79] Xiang S J, Kim H J, Huang J W. Audio watermarking robust against time-scale modification and MP3 compression. Signal Processing, 2008, 88:2372-2387.

[80] Fallahpour M, Megías D. High capacity audio watermarking using FFT amplitude interpolation. Ieice Electron Express, 2009, 6(14):1057-1063.

[81] Pooyan M, Delforouzi A. Adaptive and robust audio watermarking in wavelet domain// The Third International Conference on Intelligent Information Hiding and Multimedia Signal Processing, 2007, 2:287-290.

[82] Wang X Y, Zhao H. A novel synchronization invariant audio watermarking scheme based on DWT and DCT. IEEE Transactions on Signal Processing, 2006, 54(12):4835-4840.

[83] Wu S Q, Huang J W, Huang D R, et al. Efficiently self-synchronized audio watermarking for assured audio data transmission. IEEE Transactions on Broadcasting, 2005, 51(1):69-76.

[84] 鲍德旺,杨红颖,祁薇,等. 基于音频特征的抗去同步攻击数字水印算法. 中国图象图形学报, 2009, 14(12):2619-2622.

[85] ITU_R BS. 1387-1-1998. Method for objective measurements of perceived audio quality, 1998.

[86] OPTICOM. OPERA Audio Quality Analysis. http://www.opticom.de/products/opera.html[2013-6-9].

[87] Akhaee M A, Saberian M J, Feizi S, et al. Robust audio data hiding using correlated quanti-

zation with histogram-based detector. IEEE Transactions on Multimedia,2009,11:1-9.

[88] Sweldens W. The lifting scheme: a custom-design construction of biorthogonal wavelets. Applied and Computational Harmonic Analysis,1996,3(15):186-200.

[89] Tao Z,Zhao H M,Wu J,et al. A lifting wavelet domain audio watermarking algorithm based on the statistical characteristics of sub-band coefficients. Archives of Acoustics, 2010,(35):481-491.

[90] Petitcolas F. MP3 Stego. http://www. petitcolas. net/fabien/steganography/mp3stego/ [2016-10-9].

[91] Zhang L G,Wang R,Yan D. Data hiding in MP3 audio by modifying QMDCT coefficients// Proceedings of the ISECS International Colloquium On Computing,Communication,Control and Management,2009.

[92] Chen B,Zhao J Y. An adaptive and audio watermarking algorithm for MP3 compressed audiosignal// International Instrumentation and Measurement Technology Conference,2008.

[93] Wang C T,Chen T S,Chao W H. A new audio watermarking based on modified discrete cosine transform of MPEG/audio layer III// Proceedings of the 2004 IEEE International Conference on Networking,Sensing & Control,2004.

[94] Qiao L T,Nahrstedty N. Noninvertible watermarking methods for MPEG encoded audio// SPIE Proceeding on Security and Watermarking of Multimedia Contents,1999.

[95] 高海英. 基于 Huffman 编码的 MP3 隐写算法. 中山大学学报(自然科学自版),2007, 46(4):32-35.

[96] Jayaraman J T,Andreas S. Analysis of the MPEG-1 layer III (MP3) algorithm using MATLAB. Synthesis Iectures on Algorithms and Software in Engineering,2011.

[97] ISO/IEC 14496-3. Information technology-coding of audio-visual objects,part 3:audio,section 2:parametric audio coding,1999.

[98] Tewari T K,Saxena V,Gupta J P. Audio watermarking:current state of art and future objectives. International Journal of Digital Content Technology and Applications,2011,5(7): 306-313.

[99] 吴绍权,黄继武,黄达人. 基于小波变换的自同步音频水印算法. 计算机学报,2004, 27(3):365-370.

[100] Shervin S,Mahamod I,Nasharuddin Z et al. Error probability in spread spectrum (SS) audio watermarking// Proceedings of the International Conference on Space Science and

Communication,2013:169-173.

[101] 任克强,李慧,谢斌. 基于 DWT 和 DCT 的自适应双重音频水印. 计算机应用研究, 2013,30(7):2120-2123.

[102] Xiang S J,Huang J W. Histogram based audio watermarking against time scale modification and cropping attacks. IEEE Transactions on Multimedia,2007,9(7):1357-1372.

[103] Dutta M K,Gupta P,Pathak V K. A perceptible watermarking algorithm for audio signals. Multimedia Tools and Applications,2012:1-23.

[104] Eldar Y,Kutyniok G. Compressed Sensing:Theory and Applications. Oxford:Cambridge University Press,2012.

[105] Candès E,Tao T. Near optimal signal recovery from random projections:universal encoding strategies. IEEE Transactions on Information Theory,2006,52(12):5406-5425.

[106] Candès E,Randall P. Highly robust error correction by convex programming. IEEE Transactions on Information Theory,2008,54(7):2829-2840.

[107] Laska J,Davenport M,Baraniuk R. Exact signal recovery from sparsely corrupted measurements through the pursuit of justice// Proceedings of the Asilomar Conference on Signals,Systems,and Computers,2009:1556-1560.

[108] 邹建成,崔海港. 一种新的基于压缩感知的稀疏音频水印算法. 北方工业大学学报, 2013,25(3):1-5.

[109] Sheikh M,Baraniuk R. Blind error-free detection of transform-domain watermarks// Proceedings of the IEEE International Conference on Image Processing,2007.

[110] Nguyen N H,Nasrabadi N M,Tran T D. Robust LASSO with missing and grossly corrupted observations. IEEE Transactions on Information Theory,2013,59(4):2036-2058.

[111] Romberg J. Magic library. http://users. ece. gatech. edu/~justin/l1magic[2012-06-06].

[112] Huang N E,Shen Z,Long S R,et al. The empirical mode decomposition and the hilbert spectrum for nonlinear and non-stationary time series analysis. Proceedings of the Royal Society of London:Series A,1998,454(1971):903-995.

[113] Cohen L. Time-Frequency Analysis:Theory and Applications. New York:Prentice Hall,1995.

[114] 苏向荣,丁康,谢明. 用传递函数估计小阻尼的新方法. 机械科学与技术,2003,5(22): 717-720.

[115] 余波. 自适应时频方法及其在故障诊断方法中的应用研究. 大连:大连理工大学博士学

位论文,1998.

[116] 梁灵飞. 窗口经验模式分解及其在图像处理中的应用. 北京:北京邮电大学博士学位论文,2010.

[117] Deng Y J,Wang W. Boundary processing technique in EMD method and Hilbert transform. Chinese Science Bulletin,2011,11(46):257-263.

[118] 盖强. 局域波时频分析方法的理论研究与应用. 大连:大连理工大学博士学位论文,2001.

[119] 胥永刚. 机电设备监测诊断时域新方法的应用研究. 西安:西安交通大学博士学位论文,2003.

[120] 谭冬梅,姚三,瞿伟廉. 振动模态的参数识别综述. 华中科技大学学报(城市科学版),2002,3(19):73-78.

[121] 何正嘉,訾艳阳,张西宁. 现代信号处理及工程应用. 西安:西安交通大学出版社,2007.

[122] Khaldi K,Boundraa A O. On signals compression by EMD. Electronic Letter,2012,48(21):1329-1331.

[123] Wang L,Emmanuel S,Kankanhalli M S. EMD and psychoacoustic model based watermarking for audio// Proceedings of International Conference on Multimedia and Expo,2010.

[124] Zaman A N K,Khalilullah K M I,Islam M W,et al. A robust digital audio watermarking algorithm using empirical mode decomposition// Proceedings of Canadian Conference on Electrical and Computer Engineering,2010.

[125] Chen B,Wornell G W. Quantization index modulation methods for digital watermarking and information embedding of multimedia. Journal of VLSI Signal Processing Systems,2001,27(1-2):7-33.

[126] Vivekanahda B K,Indranil S,Abhijit D. An adaptive audio watermarking based on the singular value decomposition in the wavelet domain. Digital Signal Processing,2010,20(6):1547-1558.

[127] Lie W N,Chang L C. Robust and high quality time-domain audio watermarking based on low-frequency amplitude modification. IEEE Transactions on Multimedia,2006,8(1):46-59.

[128] 黄雄华,蒋伟贞,王宏霞,等. 基于比值的小波域数字音频盲水印算法. 铁道学报,2011,33(5):66-71.

[129] Mansour M F,Tewfik A H. Data embedding in audio using time-scale modification. IEEE Transactions on Speech Audio Processing,2005,13(3):432-440.

[130] Li W,Xue X,Lu P. Localized audio watermarking technique robust against time-scale modification. IEEE Transactions on Multimedia,2006,8(1):60-69.

[131] He X,Scordilis M S. Efficiently synchronized spread-spectrum audio watermarking with improved psychoacoustic model. Research Letters in Signal Processing,2008,(1):5.

[132] Wang X Y,Niu P P,Yang H Y. A robust digital audio watermarking based on statistics characteristics. Pattern Recognition,2009,42(11):3057-3064.

[133] 张敏瑞,易克初. 倒谱域音频与图像水印算法. 西安电子科技大学学报(自然科学版),2003,30(6):730-733.

[134] 白树锋. 鲁棒性音频水印算法的研究. 南京:南京邮电大学硕士学位论文,2013.

[135] 邸峥. 基于小波分析的数字音频水印技术的研究. 昆明:昆明理工大学硕士学位论文,2012.

[136] 田乃鲁. 基于变换域的音频水印算法研究. 南京:南京理工大学硕士学位论文,2013.

[137] 郭琮. 基于遗传神经网络盲检测的音频水印技术研究. 北京:北京邮电大学硕士学位论文,2013.

[138] 兰宇琳. 鲁棒性数字音频水印算法的研究. 长沙:中南林业科技大学硕士学位论文,2012.

[139] 张媛. 数字水印算法的研究与实现. 西安:西北大学硕士学位论文,2011.

[140] 时磊,杨百龙,武朋辉. 一种基于倒谱分析的数字音频水印算法及其改进. 第二炮兵工程大学学报(自然科学版),2014,(3):48-51.

[141] 刘芳,李学斌. 一种基于混沌与 DWT 的数字音频水印算法. 微计算机信息,2011,(1):282-284.

[142] 吴伟陵. 移动通信中的关键技术. 北京:北京邮电出版社,2000.

[143] 孙孺石. GSM 数字移动通信工程. 北京:人民邮电出版社,2000.

[144] 卢绪国,陈道文. 听觉计算模型在鲁棒性语音识别中的应用. 声学学报,2000,(6):492-498.

[145] 吴静,景凤宣,齐富民. 基于混沌系统的数字水印加密算法研究. 计算机工程与科学,2013,(12):126-133.

[146] 张晓卫,邓彩霞,侯杰. 基于 Chebyshev 混沌序列的数字水印算法. 哈尔滨理工大学学报,2006,(6):85-87.

[147] Celik M U,Sharma G,Saber E,et al. Hierarchical watermarking for secure image authenti-

cation with localization. IEEE Transactions on Image Processing,2002,11(6):585.

[148] Lu C S,Liao H Y M. Multipurpose watermarking for image authentication and protection. IEEE Transactions on Image Processing,2000,10(10):1579-1592.

[149] Wu M,Craver S,Felten E W,et al. Analysis of attacks on SDMI audio watermarks// IEEE International Conference on Acoustics, Speech, and Signal Processing, 2001, 3: 1369-1372.

[150] Cvejic N,Seppanen T. A wavelet domain LSB insertion algorithm for high capacity audios steganography//IEEE Digital Signal Processing Workshop and Signal Processing Education Workshop,2002.

[151] Ko B S,Nishimura R,Suzuki Y. Time-spread echo method for digital audio watermarking. IEEE Transactions on Multimedia,2005,7(2):212-221.

[152] Arnold M. Audio watermarking:features,applications and algorithm// Proceedings of International Conference on Multimedia Exposition,2000,2:1013-1016.

[153] Moulin P,O'Sullivan A. Information-theoretic analysis of information hiding. IEEE Transactions on Information Theory,2003,49(3):563-593.

[154] 武朋辉,杨百龙,时磊. 基于小波高频子带的大容量鲁棒音频水印算法. 第二炮兵工程大学学报(自然科学版),2014,28(2):42-46.

[155] Wu P H,Yang B L,Mao J,et al. Audio steganography using low subband of lifting wavelet transform and discrete cosine transform// The 7th International Conference on Information Management,Innovation Management and Industrial Engineering,2014:70-73.

[156] 武朋辉,杨百龙,时磊. 基于离散余弦变换的语音压缩采样和编码算法. 应用声学,2015, 34(1):17-23.

[157] 武朋辉,杨百龙,赵文强,等. 基于经验模式分解的音频水印算法. 计算机应用,2015,35 (5):1417-1420.

[158] 武朋辉,杨百龙,时磊. 基于压缩感知理论的 MP3 音频鲁棒水印算法. 计算机应用研究, 2015,32(8):237-240.

[159] Yang B L,Deng C J,Wu P H,et al. Image encryption algorithm based on two-one-dimension logistic chaotic inter-scrambling systems and m-sequence//The 5th International Conference on Software Engineering and Service Science,2014.

[160] Qiao L T,Nahrstedty N. Non-invertible watermarking methods for MPEG encoded audio// SPIE Proceeding on Security and Watermarking of Multimedia Contents,1999:194-202.

[161] Hofbauer K, Kubin G. High-rate data embedding in unvoiced speech//Interspeech, Ninth International Conference on Spoken Language Processing, 2006.

[162] Geiser B, Vary P. High rate data hiding in ACELP speech codecs//IEEE International Conference on Acoustics, Speech and Signal Processing, 2008.

[163] Nishimura A. Data hiding foraudio signals that are robust with respect to air transmission and a speech codec//International Conference on Intelligent Information Hiding and Multimedia Signal Processing. IEEE Computer Society, 2008.

[164] Yang et al, Wu P H, Jing Y Q, et al. Lossless and secure watermarking scheme in MP3 audio by modifying redundant bit in the frames//The 6th International Conference on Information Management, Innovation Management and Industrial Engineering, 2013: 154-157.

[165] 李伟, 袁一群, 李晓强, 等. 数字音频水印技术综述. 通信学报, 2005, (2): 100-111.

[166] Cox I J, Miller M L, Bloom J A. Digital Watermarking. New York: Morgan Kaufmann Publishers, 2002.

[167] Bender W, Morimoto N, Gruhl D. Method and apparatus for data hiding in images. US 5689587 A. 1997.

中英文对照表

中文名称	英文名称	英文缩写
自适应时变滤波法	adaptive time varying filter decomposition	ATVFD
误码率	bit error rate	BER
码分多址	code division multiple access	CDMA
码激励线性预测	code excited linear prediction	CELP
链式追踪	chain pursuit	CP
复杂可编程逻辑部件	complex programmable logic device	CPLD
循环冗余检验码	cyclic redundancy check	CRC
压缩感知/压缩采样	compressive sensing	CS
离散余弦变换	discrete cosine transform	DCT
数据加密标准	data encryption standard	DES
离散傅里叶变换	discrete Fourier transform	DFT
离散阿达马变换	discrete Hadamard transform	DHT
数字信号处理	digital signal processing	DSP
离散小波变换	discrete wavelet transform	DWT
经验模式分解	empirical mode decomposition	EMD
极值域均值模式分解法	extremum field mean mode decomposition	EMMD
等效矩形带宽	equivalent rectangular bandwidth	ERB
快速傅里叶变换	fast Fourier transform	FFT
有限冲激响应	finite impulse response	FIR
弃真率	false negative error	FNE
存伪率	false positive error	FPE
梯度追踪	gradient pursuit	GP
梯度投影稀疏重建	gradient projection sparse reconstruction	GPSR

中文名称	英文名称	英文缩写
全球移动通信系统	global system for mobile communication	GSM
人类听觉系统	human auditory system	HAS
谐波激励线性预测编码	harmonic excited linear prediction	HELP
离散余弦逆变换	inverse discrete cosine transform	IDCT
离散傅里叶逆变换	inverse discrete Fourier transform	IDFT
离散阿达马逆变换	inverse discrete Hadamard transform	IDHT
离散小波逆变换	inverse discrete wavelet transform	IDWT
改进的极值域均值模式分解	improved extremum field mean mode decomposition	IEMMD
基本模式分量	intrinsic mode function	IMF
最低压缩选择算子	least absolute shrinkage and selection operator	LASSO
最不重要位	least significant bit	LSB
提升小波变换	lift wavelet transform	LWT
消息摘要加密算法第五版	message-digest algorithm 5	MD5
改进离散余弦变换	modified discrete cosine transform	MDCT
混合激励线性预测	mixed excited linear prediction	MELP
平均意见得分	mean opinion score	MOS
匹配追踪	matching pursuit	MP
归一化相关系数	normalized coefficient	NC
客观差异性评级	objective difference grade	ODG
正交匹配追踪	orthogonal matching pursuit	OMP
脉冲编码调制	pulse code modulation	PCM
音频质量评估方法	perceived evaluation of audio quality	PEAQ
主观语音质量评估	perceptual evaluation of speech quality	PESQ
伪随机数生成器	pseudo random noise generator	PRNG
峰值信噪比	peek signal noise rate	PSNR
公共开关电话网	public switched telephone network	PSTN
量化索引调制	quantization index modulation	QIM
受限等距属性	restricted isometry property	RIP

中文名称	英文名称	英文缩写
主观差异等级	subjective difference grade	SDG
数字音乐安全促进会	secure digital music initiative	SDMI
信噪比	signal noise rate	SNR
扩频	spread spectrum	SS
奇异值分解	singular value decomposition	SVD
支持向量机	support vector machine	SVM
互联网电话	voice over IP	VoIP
矢量量化	vector quantization	VQ
波形插值	wave insertion	WI